基地、平和、沖縄

元戦場カメラマンの視点

石川文洋［著］*Bunyo Ishikawa*

新日本出版社

はじめに

この二〇一六年三月で七八歳となりました。体のあちこちがだいぶいたんできましたが、それでも現役カメラマンを続けていられるのはありがたいことだと思っています。二〇一六年は三月二日から那覇市の不屈館で「沖縄の五〇年」写真展を催し、辺野古へ行き抗議船に乗って撮影してきました。四月にはベトナムで二カ所の枯葉剤被害児の施設を撮影しました。そのほか「日本の中小企業」の連載で二月から六月にかけて岩手県、岡山県、山形県、静岡県へ行きました。今後も体が動く限り、生涯カメラマンを続けたいと思っています。

七月に長野県松川町の美麻小中学校で六年生から九年生までの生徒にベトナムほかの戦場や沖縄で撮影した写真を見てもらいながら「命《ぬち》どぅ宝」(命こそ宝)について話しました。生徒たちは、ベトナム戦争で傷ついた母親を前に嘆く子どもたちの姿や、枯葉剤の影響で腕や指が失われるなど体が変形した赤ちゃんの写真をくい入るように見ていました。「平和というのは家族と一緒にいる、通学をする、友だちと遊ぶなど普通の生活ができることです」「戦争では普通の生活ができなくなる」「日本は平和だけど、世界では今この時でも戦争が起こっている国があり、平和な生活ができない子どもたちがいるということを知って下さい」と生徒に訴えました。長野県茅野市の中学校、諏訪市の高校でも講演が予定されているので、戦争を知らない世代に、私が撮影した戦争の写真を見てもらい、命と平和がいかに大切か話したいと思っています。

二〇一六年七月の参院選では、政府与党を支持した人でも半数以上が改憲には反対しています。沖縄では改憲、辺野古新基地建設に反対する伊波洋一氏が、改憲・辺野古派の島尻安伊子沖縄北方担当相を破り、沖縄の民意を示しました。多くの人の命を奪う戦争に反対する気持ちは、沖縄戦を体験し巨大な米軍基地を抱える沖縄から強く発信されています。

安倍晋三首相は、改憲、集団的自衛権、安保関連法案、辺野古、戦力の増強が国民の平和と安全・生命を守ると言っています。でもそれは違います。巨大な軍事国家となった日本は、アジア・太平洋戦争で国民に大きな被害をもたらしました。近代的な軍事力を持っても、ベトナム戦争でアメリカは、ベトナム民族に多大な犠牲を強いたあげく敗北しました。ソ連軍もアフガニスタンで勝利を得ることはできませんでした。

そのような教訓がありながら、アメリカは、アフガニスタン、イラク、シリアで戦争を行い、ロシアもウクライナを攻撃しました。日本が、過去の日本の戦争の教訓を生かし、軍備を縮小し、沖縄の基地を撤去、憲法九条を守って行くことが平和日本を世界に示すことになると思います。

二〇一六年七月

著者

※本書は月刊『まなぶ』（労働大学）二〇〇八年一月号からの連載「元戦場カメラマンの視点」の一部に加筆・修正したものです。各項の末尾に記したのは執筆時期です。

目次

第1章　沖縄の米軍基地はすべての日本人の問題

1　基地あるがゆえの米兵の犯罪

二〇一六年四月二三日、沖縄県うるま市の会社員、島袋里奈さんが、元海兵隊員で嘉手納基地勤務の米軍属のシンザト・ケネス・フランクリン（32）に殺害されました。里奈さんは二〇歳でした。

軍属とは米軍関係の仕事をしている人。元米軍兵士が多いです。二〇一五年発行の沖縄県庁の資料によると、在沖縄米兵二万五八四三人、軍属一九九四人、家族一万九四六三人、計四万七三〇〇人となっています。シンザトという沖縄姓を聞いて沖縄系の人かなと思ったのですが、新里という沖縄女性と結婚してその姓をつけたということです。

里奈さんはショッピングセンターで働き、結婚を約束した男性とうるま市に住み、午後八時頃ジョギングに出たあと、殺されたそうです。犯人は暴行目的で女性を探していたとの報道を読み、自分の欲望だけしか考えていない犯人に強い怒りを感じると同時に、二〇歳で命を奪われた里奈さんのことを思うと胸が痛みました。

里奈さんは職場や生活の周辺で多くの人とふれあいながら夢を持った人生を送っていたと思います。将来は赤ちゃんも生まれたでしょう。ハイハイした、カタコトを話した、アンヨした、小学校に入学した、など親としての喜びのつきない人生を送ったでしょう。

里奈さんは一人娘だったそうです。子を失った両親の悲しみは私たちの想像を超えます。両親も孫を夢見ていたでしょう。犯人は里奈さんだけでなく島袋家の命のつながりも絶ったのです。

この事件を知って私は、四四年前の一九七二年五月一五日、沖縄復帰の日を取材した時を思い出しました。宜野湾市の西原加那さんの娘、和子さん（当時23）が復帰前年に殺されました。普天間基地海兵航空隊所属のチャールズ・ボーズウェル伍長が強姦殺人容疑で逮捕されました。

宜野湾警察が被害者から採取した血液、体液が伍長のものと一致したほか、多くの証拠があったにもかかわらず、軍法会議で無罪となりました。

判事、検事、弁護士、陪審員と全て米軍将校なので、当時は無罪となる米兵が多かったのです。「犯人が憎い。殴ることもできないうちにアメリカに帰ってしまった。復帰をしても娘が戻るわけではない」と寂しそうだった父親の姿が目に残っています。

切り離せない「兵士と性犯罪」

私は日米地位協定は不平等協定と以前から思っていましたが、その考えは今も変わりません。基地は治外法権で日本の警察は手が出せないので、沖縄では犯罪を犯した兵士が基地内に逃げ込んでそのまま帰国してしまうことが数限りなくありました。

現在は米兵・軍属の公務中に起こした犯罪は米軍、公務外は日本が裁くことになっていますが、被害者に公務かどうかは関係ありません。米兵・軍属がいるから被害を受けるのです。犯罪が起こるたびに、日本政府の「米軍に強く抗議し再発防止を要求した」、米軍は「兵士・軍属に注意し綱紀粛正を誓う」というやり取りを、これまでに何度も聞いてきました。時には米兵に外出禁止令が出された時もありましたが、それが終わるとまた犯罪が起こります。二〇一六年三月、観光客の女性が米兵から暴行を受けるという事件も起こっています。

沖縄県庁の資料によれば、一九七二年五月復帰後から二〇一五年末まで米兵・軍属・その家族による犯罪は五八九六件。そのうち凶悪犯五七四件、粗暴犯一〇五四件、窃盗犯二九一四件。凶悪犯の内訳は殺人が二六件、強盗三九四件、放火二五件、強姦一二九件となっています。

こうした犯罪は、いくら日本政府が抗議しても、米軍が綱紀粛正を誓っても、米軍基地・米兵が存在する限り絶対になくなりません。海兵隊の戦闘部隊は若者が中心です。日本人は基地内に自由に入ることはできないけれども、米兵は本土、沖縄のどこでも行けます。基地外へ出たら上司の目は届かない。特に酒を飲んでの犯罪が多発しています。性犯罪の場合、被害者が表に出さずに泣き寝入りしている場合が多いと思われます。

かつて、旧日本軍が中国を侵略した時にも、多くの性犯罪が報告されています。中国だけではなく、ほかのアジアの国々でも生じていたようです。私は目撃していませんがベトナム戦争中、農村に侵攻した米兵による性暴力を何度も聞いたことがあります。

兵士と性犯罪。これは切り離せないものと私は思っています。基地のない平和な島を沖縄の人は願っています。

（二〇一六年六月）

2　慰霊の日を知っていますか？

私は毎年六月二三日「慰霊の日」の沖縄全戦没者追悼式をテレビで見ています。その日、家にいない時はビデオにとっておきます。当日、現地へ行ったことも何回かありました。その時は、式典は撮影せず平和祈念公園内の「平和の礎《いしじ》」や糸満市米須の「魂魄《こんぱく》の塔」ほかを回ります。

辺野古キャンプ・シュワブと抗議船

二〇一五年六月二二日。名護市辺野古のキャンプ・シュワブ正面ゲート前へ行くと、早朝の抗議集会が行われているところでした。私はこの年の一月一五日に、正月休み明けで防衛施設庁が辺野古埋立準備作業を開始した時に撮影に来たので半年ぶりでした。

正面ゲート前のテントは増えて整然と並んでいました。抗議行動が増えてきたことが感じられます。

安倍晋三政権の民意を無視した集団的自衛権行使容認ほか戦争に結びつく法案の進め方に人々が危機

感を持った現れです。

　キャンプ・シュワブから汀間《ていま》漁港へ向い、海上抗議船「平和丸」に乗船しました。本土から来たカメラマン集団、沖縄・ベトナム友好協会の人々と一緒です。船長はこれまで三回、案内をして頂いた相馬由里さん。私は時々ですが由里さんは連日、海上の状況を見学に来た人を案内し、由里さん自身も抗議の声をはりあげています。

　半年前より浮き球のフロートが大きく広がりボーリング調査の櫓《やぐら》が立っていました。抗議のカヌー隊が近づくと海上保安官を乗せたボートがみるみるうちに増えて制限区域から離れるよう警告をくり返しました。

2015年の慰霊の日。那覇市の伊佐ヨシ子さん（左）。父と長男は「自決」し次男と三男は戦死。平和の礎で

　激しい雨が降ってきて撮影も一通り終了したので、またキャンプ・シュワブ・ゲート前へ戻りました。テントの前で各地から来た人の抗議支援の演説が行われていました。私も一言求められ、最前線で抗議行動している人たちへ励ましの言葉を贈りました。

嘉手納基地、魂魄の塔

辺野古から那覇へ戻る途中、嘉手納基地へ寄りました。新鋭戦闘機F16を撮影したかったからです。基地を見渡せる「道の駅」の屋上には、軍用機を専門に撮影するカメラマンが数人待機しています。その人に聞くとF18と共に一五機駐機しているが今日は離発着していないとのことでした。普天間基地へ回るとヘリ一個中隊はどこかへ行ったのか見えませんでした。

六月二三日。慰霊の日、最初に糸満市の「魂魄の塔」へ行きました。戦場で命を失い身元不明の遺骨が納められている場所です。六〇歳で防衛隊に徴集され戦死した祖父の遺骨も、ここに納められていると思いながら手を合わせます。

沖縄戦では総人口の四分の一に当たる一二万人以上の沖縄人が犠牲になっています。避難場所となるガマ（洞窟）を日本兵に追われ地上をさまよっているうちに艦砲射撃で死んだ人が多いのです。その遺骨の多くが「魂魄の塔」に納められています。「魂魄の塔」は沖縄戦の悲劇を現す原点と思っています。

（二〇一五年六月）

3　知事の「辺野古埋め立て取り消し」に賛成

二〇一五年一〇月三〇日、沖縄県の翁長雄志《おながたけし》知事は、名護市辺野古の埋め立て承認を取り消しました。

二〇〇六年、日米両政府による辺野古移設合意の声明が発表され、米軍基地（専用施設）の七四パーセントが押しつけられてきた沖縄人は、さらに新しい基地の建設に反対しました。しかし、辺野古移設に反対して当選した仲井真弘多《なかいまひろかず》知事は、二〇一三年一二月、突然に辺野古埋め立てを承認してしまいました。

選挙で示された民意

沖縄の人は二〇一四年、基地建設に反対する稲嶺進さん（名護市長選挙、一月）、翁長雄志さん（知事選、一一月）、四人の衆院選挙区候補（総選挙、一二月）を当選させ、沖縄の民意を示しました。安倍政権は強引に基地建設工事を進め、これに対し翁長知事は、次のような趣旨の埋め立てを許可しない声明を出したのです。

①強制的に奪った普天間基地の代わりに辺野古というのは筋が通らない、②辺野古の美しい海を埋め立ててはならない、③辺野古基地建設には一〇年かかる。それまで普天間基地が固定される、④辺野古基地は二〇〇年構想の建設。沖縄の管理ができない広大な基地が残る、⑤沖縄だけに基地を押しつけないで日本全体で安全保障を考えてもらいたい、⑥埋め立てなどによるジュゴン、ウミガメ、サンゴ、海藻への影響対策が不十分である、など。

新聞の二ページいっぱいに取り消し理由と記者会見の全文が書かれています。埋め立て承認取り消しを支持して、沖縄タイムス、琉球新報に埋め立て取り消し支持の記事が掲載されています。

各紙の社説を見ると

本土の新聞の社説はどうでしょうか。

朝日新聞『沖縄の苦悩に向き合え』……「政府は埋め立ての法的根拠を失った以上、計画は白紙に戻し改めて県と話し合うべきだ」「沖縄に基地が集中しているのは差別ではないか。安保条約を支持する政府も国民も沖縄の現実に無関心でいることによって差別に加担してこなかったか」

毎日新聞『やむを得ない知事判断』……「取り消しは安倍政権が県の主張に耳を傾けず、移設を強行しようとした結果ではないか」「政府は対抗措置として国土省に取り消しの一時執行停止を申し立て、認められれば本格工事に着手する。国が国に訴え国が判断することに違和感がある」「移設を中止して沖縄の疑問にきちんと答えることではないか」

読売新聞『翁長氏は政府との対立を煽《あお》るな』……「ヘリコプター部隊を県外に移せば、米軍の即応力は確実に低下する」「菅官房長官が〝関係者が重ねてきた、普天間飛行場の危険性に向けた努力を無視するもの〟と翁長氏を批判したのは当然だ」「法廷闘争になる公算が大きい。その場合、政府は、関係法に則って粛々と移設を進めるしかあるまい」「辺野古移設に反対しつつ、沖縄振興予算も確保しようという発想は、虫がいいのではないか」

日本経済新聞『沖縄の基地のあり方にもっと目を向けよ』……「辺野古で米軍のヘリコプターが

大学のキャンパスに墜落する事故があった。同基地を人口が比較的少ない辺野古に移すという政府の方針は妥当である」「米軍基地には本土にあって差し支えのない施設が少なくない。政府は沖縄の基地負担の軽減にもっと努める必要がある」

本土の新聞にも、安倍政権の強引な辺野古新基地建設に反対の姿勢をとる新聞があります。一般の人は、中国、北朝鮮の抑止力として沖縄の基地は必要と考えている人の方が多いと思われます。

翁長知事の埋め立て取り消しは法廷で闘うことになるでしょう。その場合、裁判所は、政府が国益としている時は政府側に立つというのが、これまでの私の印象です。

一九九六年、当時の大田昌秀知事が、基地使用に反対する地主の代理署名を拒否し、国の訴えで県は福岡高裁で敗れ、最高裁も県の上告を認めませんでした。二〇〇九年、嘉手納基地爆音訴訟裁判でも、市民の夜間飛行中止要求を、最高裁は、「米軍機の離陸に日本の政府は口出しが出来ない」としりぞけました。

安倍政権の暴走を止めるためには、辺野古新基地建設反対の国民の声を、さらに強くすることと思っています。

（二〇一五年一一月）

4　国民の声を聞かない為政者

二〇一六年三月四日、午前六時半、キャンプ・シュワブ・ゲート前に着いた時には、もう三線《さんしん》を手にした人々が座っていました。三線三七人、太鼓、琴、胡弓一人ずつの、合わせて四〇人。みんな、平常から座り込みに参加している人々です。始まった三線の演奏に合わせ、六人の女性が琉球舞踊「前之浜」を舞いました。そのうちの一人、源《みなもと》啓美《ひろみ》さん（68）は、古典芸能コンクール最高賞を受けています。

沖縄では一九九二年から三月四日を「三線の日」と決めて、県内だけでなく神奈川、大阪、福岡、ハワイ、ブラジルなど各地で「三線の日」が催されています。三線は琉球王朝時代から沖縄の芸能を代表する文化の一つとして引き継がれ、家庭やさまざまな式典でも楽しまれてきました。

沖縄戦の時、難民キャンプでは米軍食料用缶詰の空き缶と落下傘の糸を利用した「カンカラ三線」が戦乱に苦しんだ人々の心を癒《い》やしたといいます。那覇新都心ゆいスポーツ・文化クラブの三線教室には週に一度、銘苅《めかる》小学校ほか二五人の児童が通うなど、三線は市民生活に溶け込んでいます。

七時過ぎ、機動隊は三線・踊りを披露している人、座り込んでいる人の排除を開始。ゲートから工事用の車両が基地内に入りました。九時、仲本興真さん、相馬由里さんの抗議船に乗って辺野古新基地建設現場に近づくと、五、六艇の海上保安庁警戒ボートが猛スピードで迫り、「ここは立入禁止区域。ただちに立ち去るように」と警告を繰り返します。抗議船のスピーカーからは三線と民謡が流れました。ゲート前、海上での三線の音は、本土支配、米国支配の歴史の中で抵抗し、沖縄の自主を守ろうとする沖縄の心の現れのように聞えました。

ゲート前に戻ると、再び三線と踊りが始まっていました。その時、新基地建設に関する政府と県の代執行訴訟で福岡高裁那覇支部が示した工事中止を含む和解案を「政府が受け入れた」と発表され、新基地建設中止を訴えゲート前に集っていた人々は喜びの歓声をあげ、祝い事の場に欠かせない「カチャーシー」を踊りました。

基地建設中止まで徹底抗戦を続けるという安次富浩、山城博治両氏らの人々の意志は変わりません。キャンプ・シュワブ・ゲート前には、本土の権力に屈しない人々が集っていると心強く感じました。

上司に弱い日本人

私は日本人という民族は、官僚型、縦割社会型で上司に対しては弱いのではないかと思っています。弱いというのは、①上司に強く反論ができない、②上司の言葉を信じ易い、③上司から褒められると格別の喜びを感じるなどです。太平洋戦争開戦の時は東條英機首相の主張に周囲の人が同調しました。

だから間違った考えをもつ為政者がいると、その人に引きずられるので、日本は指導者を選ぶ目が大変重要と感じます。さらに上司の言うことを信じ易い、信じようとする傾向があるようです。沖縄県の仲井真弘多前知事が知事選で、辺野古新基地建設反対を公約して当選したにもかかわらず埋立てを承認して、多くの批判を浴びたことは承知の通りです。埋立て承認に当たって危険な普天間基地の五年以内の運用停止をアメリカと交渉するという安倍晋三首相の気持ちを信じたことが埋立て承認の大きな理由になっています。

あきれた仲井真氏の記者会見

仲井真弘多前知事が、普天間基地の運用停止を口実にした辺野古の埋立てを承認する記者会見を行ったのは二〇一三年一二月二七日。テレビで見て、私は怒りを感じましたが、上司に弱い日本人の特色は沖縄人にも共通していると思いました。仲井真前知事はその二日前、安倍首相から沖縄振興予算や「基地負担軽滅」に関する説明を受け、「驚くべき立派な内容を提示していただき県民を代表して心から感謝を申し上げる」と同首相を評価しています。

仲井真氏は元通産省官僚なので、特に上司に弱いように思います。安倍首相は何としても辺野古新基地を建設したいので、仲井真氏の承諾を得ようと知事に丁寧な対応をしたと思います。仲井真氏はそのことに感激したのか、辺野古新基地建設に反対している多くの県民のことは頭から消えてしまったようです。

安倍首相は長い間、政治の社会にいるのでしたたかです。普天間基地運用停止は自分も強く感じているからアメリカと強く交渉しようと言ったかもしれませんが、本心かどうかはわかりません。それをあたかも約束したように思わせるところが政治家の腕の見せどころ（？）です。仲井真氏は約束したように思い込んだのではないでしょうか。

それが記者会見で「立派な内容」という表現になったのだと思います。二〇一四年一〇月二二日の朝日新聞に、二〇一九年二月までの普天間基地運用停止にアメリカ国防総省は同意していない、日本政府から正式要請はない、という記事が掲載されています。そうだとしたら「五年以内の運用停止」

を辺野古埋立ての理由にした仲井真氏と安倍首相は国民をダマしたことになります。

仲井真氏はこの記事をどのような気持ちで読んだでしょう。

アメリカ政府の本音

アメリカ政府は、辺野古新基地が完成したら普天間基地を返還すると表明していますが、その前に返還するという記事は見たことはありません。一九九八年、大田知事に代わった稲嶺恵一知事が、五年後返還を条件に海上基地を建設し、その後は民間利用という計画を発表しました。

私はその時、米軍が期限を切ることを約束するはずがないと原稿に書いたことがあります。普天間基地も同じですが、軍隊として使用中の基地の代替えが決定していない限り、期限を決めることは絶対にありえないというのが元戦場カメラマンの見解です。

軍隊は常に「不測の事態」に備えておかねばなりません。一九九〇年代の稲嶺知事案の時は、代替えが計画されていませんでした。仲井真氏が要求した二〇一九年の普天間基地運用停止は、辺野古新基地建設を進めても使用できるまでには一〇年以上かかるとのことなので、その間の代替えを決めない限り、「普天間運用停止」は不可能です。私は米国防総省には代替えの考えは全くないと思っています。普天間は代替えではなく国外移転が私の考えです。沖縄で厭《いや》なものを他県に押しつけようとは思いません。

二〇一九年運用停止を信じている（信じようとしていた）のは仲井真氏だけではないでしょうか。

往々にして、先の見えない為政者のために民間人が悲惨な状態に陥ることは多いのです。第二次世界大戦当時のヒットラー、東條英機はその代表格です。

民間人の生命を考えない軍隊

私は今、日本の戦争について調べています。あらためて強く感じているのは、軍隊は民間人の生命を考えないということです。アジア・太平洋戦争での沖縄戦、ソ連軍侵攻後の満蒙《まんもう》開拓団の人々が受けた悲劇を想像し、そのような状況をつくった為政者、軍上層にあらためて激しい怒りを感じました。

再びそのようなことが起こらないために安倍首相に厳しい目を向けておかなければならないと思っています。

（二〇一四年一〇月、二〇一六年三月）

5　二〇一五年一月の辺野古で

二〇一四年の一月一六日、名護市長選の取材で沖縄へ行きました。二〇一五年の一月もまた、沖縄行きとなりました。

二〇一四年一二月に沖縄に行った時は衆院選の最中で、選挙の影響を考えてか辺野古埋め立て調査工事は中断していました。年が明けて一五日から工事再開の情報で急遽《きゅうきょ》、現地へ向かうことにして、一四日、早朝六時二五分のＡＮＡに乗りました。

基地存在に慣らされる異常さ

一月一四日。空港から、いつも沖縄取材を手伝ってくださっている中根修さんの自動車で辺野古へ直行しました。途中、一般道を海兵隊の装甲強化車が走っていたので車の中から撮影しました。

二〇一四年は水陸両用車が走っている光景も見ました。私の目には異様な光景に映ります。同じ年、知人の家で話している時、上空をオスプレイが通過しました。飛行コースになっているので今では慣れたと、その知人は言っていました。嘉手納、普天間ほかの巨大な基地は多くの沖縄人の生まれる前から存在しています。見慣れているという状況こそ異常です。辺野古新基地を建設させて将来の子どもたちの見慣れた光景にしてはいけません。

キャンプ・シュワブの新しいゲート前に大勢の市民が集まり、沖縄平和運動センター山城博治議長が檄《げき》を飛ばしていました。旧正面ゲートは、現在は資材運搬ゲートとなりここにも大勢の市民が座り込みをしていました。「座り込み抗議193日」「オスプレイ配備反対」「新基地反対」「辺野古阻止」「戦争のための基地はいらない」など多くのプラカードがありました。

「ヘリ基地反対協」「沖退協」「沖教組」などののぼり旗が立ち、それぞれの団体代表が演説をしていました。私も突然、沖縄出身カメラマンということで皆の前に立つよう求められたので、座り込む人たちの御苦労に応えたいと思い、ベトナム戦争の時のように辺野古新基地が利用されてアジアの同胞が殺されるようなことがあってはならないと話しました。

長期の抗議行動も息抜きが必要

一五日。海上工事再開が予想され、前日より多く約三〇〇人の市民がゲート前に座り込んでいました。那覇市、宜野湾市、沖縄市からチャーターバスに乗った市民が集まります。夜を徹して座り込んでいる人もいます。

夫が夜通し座り込んでいるという保育士が休暇を取って参加し、皆の前で歌をうたった後、ゲートを封鎖している若い機動隊員たちの方へ向いて、「沖縄を基地のない平和な島にしましょう」と語りかけていました。

小学校一年生の娘を含め三人の子がいるという「辺野古の歌姫」と自称する読谷《よみたん》村から参加した女性も、沖縄のことは沖縄で決めようと「沖縄を返せ」をうたっていました。元小学校の教員だったという七二歳の男性は、身振り足振りよく踊りながらうたいました。

基地反対抗議活動は長期になるので、沖縄式に時々息抜きも必要です。祝賀会などで最後にみんなで踊る「カチャーシー」も現れました。

民意を無視する安倍政権の正体

一六日。早朝四時半に那覇出発。辺野古正面ゲート、旧ゲートには徹夜の人々が大勢いました。汀間湾から沖縄タイムス・琉球新報のカメラマンや記者が乗る仲本興真さんの船に同乗しました。運転するのは前年と同じ相馬由里さん。由里さんは抗議船の運転を続けています。

キャンプ・シュワブの浜にはボーリング調査の事前工事に必要な重機や浮桟橋がありました。海上保安庁保安官の乗る特殊ゴムボートが並んでいる様子は軍港のようです。

新空港建設に反対する一九艇のカヌーが近づくと「こちらは臨時立入り禁止区域になっています。すみやかに退去してください」というメガホンによる注意が繰り返されました。

黒い潜水服にシュノーケル、ヘルメット姿の六人の海上保安官の乗った特殊ボートがカヌーの動きを阻止するようにあちこちから集まってきました。

カヌーがオイルフェンスを越えて中に入ると特殊ボートに乗った保安官が近づきカヌーに飛び乗る、海中からひっくり返す、横付けにするなどして抗議市民を拘束しました。こうした様子を見ていると辺野古反対の沖縄の民意を無視して工事を強行する安倍政権の恐ろしさをあらためて感じました。


（二〇一五年一月）

6　二〇一四年総選挙の中で見た沖縄

選挙で始まり選挙で終わった一四年

二〇一四年は私にとって沖縄の選挙に始まって沖縄の選挙に終わった年でした。一月は名護市の市長選を追いました。一二月、辺野古の海上を撮影している時は衆議院選挙運動の最中でした。

一月は辺野古新基地建設に反対する稲嶺進市長が再選されました。一一月一六日の沖縄知事選では、辺野古新基地反対の翁長雄志前那覇市長が辺野古賛成の仲井真弘多現職知事を大差で破りました。

一二月一四日、衆院選投票の結果は、前議席から四つ少なくなったとはいえ自民党が二九〇議席と全体四七五議席の過半数を超える大勝でした。与党三二五議席に対して野党は一五〇議席と振るいませんでしたが、その中で、共産党が前八議席から二一議席と大きく議席を増やしたのが目立ちました。自民党に投票した人はアベノミクスの経済向上に期待し、共産党支持は集団的自衛権行使閣議決定、秘密保護法制定など安倍政権への戦争の道に進む姿勢に対する反発と思いました。

心配は「大勝」で民意を踏みにじること

この衆院選挙の投票率は五二・六六パーセントと戦後最低でした。当日の有権者数は一億三九六万二七八四人。投票した人は五四七四万三〇九七人。比例代表での自民党の獲得票数は一七六五万八八九一六人。総有権者数の一六・九八パーセント、投票者数の三三パーセントにすぎません。それでも「大勝」したのは小選挙区制度の弊害です。

そして最も心配なのは、このような投票数で国民の信任を得たとして軍事力を強めていくのではないかということです。選挙後の安倍首相の表情から自信のようなものが感じられました。さらに辺野古基地建設を進めると明言しています。

沖縄の選挙区では、辺野古推進派の四人の自民党候補全員が落選し比例で復活しました。名護市長選、知事選、衆院選で辺野古新基地に反対する候補者が当選しました。これが沖縄の民意です。

本来、政府は国民が平和で豊かな生活をできるように努力する、国民の意見を尊重するのが務めと思います。沖縄県民の八〇パーセント以上が反対している辺野古新基地の建設を進めることは民主主義に反します。

しかし、安倍政権は辺野古建設を進めると思います。それは集団的自衛権行使などアメリカとの軍事同盟の強化が国益と考えているからです。昔から国益とは政府を守ることであり、そのためには国民や将兵の犠牲は仕方がないという考えが政府にはあります。

アジア・太平洋戦争ではドイツ・イタリアと三国同盟を結び、真珠湾攻撃の時は、その後、日本国民にどのようなことが起こるか全く考えなかったという軍令部参謀の証言もあり、政治家からも国民を心配する声は上がっていません。

静かな海も新基地建設で様相一変

二〇一四年の総選挙、沖縄の選挙では、辺野古新基地建設に反対する議員が全員当選しましたが、これからが安倍政権との闘いの正念場となります。

一二月一〇日、辺野古基地建設に反対する仲本興真さんのボートに乗って海上から新基地建設計画区域を撮影しました。それまでは道路からゲートを見ただけで、海兵隊のキャンプシュワブを正面から見るのは初めてでした。マンションのような大きな兵舎が横たわっています。思いやり予算で建てられました。

選挙投票前なので工事は行われず作業する人はいませんでしたが、建設反対の人々がボートとカヌーで警戒していました。今は静かな海も、巨大な新基地が建設されるとヘリ空母が停泊し、オスプレイ、F35戦闘機が飛び交い様相は一変します。私たち大人は沖縄の子どもたちに新基地を残してはならないと思いました。

(二〇一四年一二月)

7　辺野古基地を拒否した知事選

二〇一四年一一月一六日、沖縄の知事選挙が行われ前那覇市長の翁長雄志氏(64)が三六万八二〇票で当選しました。事実上一騎打ちとなった現職の仲井真弘多氏(75)は二六万一〇七六票。そうぞう前代表の下地幹郎氏(53)は六万九四四七票。前民主党議員の喜納昌吉氏(66)は七八二一票。有権者数一〇九万八三三七人。投票率六四・一三パーセント。前回の六〇・八八パーセントを上回りました。

この知事選は、辺野古新基地建設を沖縄人が認めるか拒否するかを問う選挙でした。結果は拒否です。もう一つの特徴は、沖縄自民党の幹事長も務めた翁長氏を、これまで対立してきた共産党、社民党、社大党の革新政党が支持したということでした。

支持の理由は、翁長氏が辺野古新基地に反対していること。また、那覇市長時の二〇一二年、オスプレイ配備に反対する保守・革新を超えた沖縄全四一市町村の首長、議会議長、県議、市町村議員など一三〇人余りが建白書を安倍晋三首相に突き付けた東京行動の中心になったなどです。

私も翁長氏が当選してよかったと思っています。知事選に関する各新聞の社説を、以下に短くまとめました。

◎沖縄タイムス「辺野古に終止符を打て」
沖縄の人々が長い間、心の底にしまい込んでいた感情がマグマとなって地上に吹き出した。予想を上回る歴史的な結果である。名護市長選に続いて辺野古移設反対の民意が示された。政府は「地元の頭越しには進めない」という初期の方針に戻り計画見直しに向けた話し合いに入るべきである。移設を強行するのは、暴力的な犠牲の押しつけである。

◎琉球新報「辺野古移設阻止を」
約一〇万票の大差は県民が「沖縄のことは沖縄が決める」との自己決定権を行使し、辺野古移設拒否を政府に突き付けたことを意味する。仲井真知事の辺野古埋めたて承認で沖縄の失われかけた尊厳と誇りを県民自らの意志で取り戻した選択は歴史的にも大きな意義を持つ。米政府も民主主義に立脚するならば民意を無視できないはずだ。

◎朝日新聞「辺野古移設は白紙に戻せ」
日米両政府は「辺野古が唯一の選択肢」と強調するが、米国の専門家の間では代替案も模索されている。フィリピンや豪州に海兵隊を巡回配備し、ハワイやグアム、日本本土も含め地域全体で抑止力を保つ考え方だ。沖縄の民意をないがしろにすれば、本土との亀裂はさらに深まる。地元の理解を失って安定した安全保障政策が成り立つはずもない。政府は米国との協議を急ぎ、代替策を探るべきだ。

◎毎日新聞「白紙に戻して再交渉を」

米議会には辺野古は非現実的という意見がある。ジョセフ・ナイ元米国防次官補は在日米軍の配備見直しを求めた。日米安保体制が日本とアジア地域の安定に果たす役割は大きい。中国の軍備拡張や海洋進出、北朝鮮情勢を考えれば、在日米軍の抑止力は維持する必要がある。日米安保体制を安定的に運用していく大きな目的のためにも、日本政府は沖縄との摩擦を放置せず、米政府に再交渉を求めて問題解決を図るべきだ。

◎読売新聞「辺野古移設を停滞させるな」

仲井真氏が辺野古埋め立てを承認したのは、住宅密集地にある普天間飛行場の危険性の早期除去を重視したゆえの決断だった。移設予定地は市街地から遠く、騒音や事故の危険性が現状に比べ格段に小さい。沖縄全体の基地負担を大幅に軽減しつつ、米軍の抑止力も維持するうえで、最も現実的な方法なのは間違いない。政府、与党は翁長氏の出方を見つつ、辺野古移設の作業を着実に進めることが肝要である。

◎産経新聞「政府は粛々と移設前進を」

日米合意に基づく普天間移設は、抑止力維持の観点から不可欠であり、見直すことはできない。

あらためて認識すべきは日本の安全保障に関わる基地移設の行方を決定する権能は、知事にはないという点である。軍拡を進める中国が奪取をねらう尖閣諸島は「沖縄の島」だ。東シナ海では、中国の海空軍が自衛隊や米軍に危険な挑発行為を繰り返している。最前線となった沖縄を守っているのは日米同盟である。移設の頓挫により、同盟の機能を低下させてはならない。

私は沖縄タイムスと琉球新報のほか三紙を購読しています。貧乏フリーカメラマンにとって五紙の出費は大きな負担ですが、報道カメラマンとしての必要経費だと妻を説得しています。特に「在日沖縄人」として沖縄の情報は二紙から得ています。ほかに、私が関心を持つ大きな出来事が起きた時は、全国紙を全部買って読み比べます。

自民党議員によるテレビ報道、沖縄の新聞への批判が目立ちます。国際ジャーナリスト組織「国境なき記者団」は二〇一六年四月に世界各国の報道の自由度ランキングを発表しましたが、日本は七二位でした。

報道に対する政府や右派からの圧力が強くなっているとはいえ、日本にはまだ報道の自由があると思っています。沖縄の新聞ほか東京新聞など、頑張っていると感じる地方紙がたくさんあることを心強く思っています。そういった中で、産経新聞や販売部数第一位という読売新聞の米軍のイラク侵攻、辺野古基地建設に関する記事などを読むと、私の考えとずいぶん違うと思う時があります。

私は他紙と読み比べて自分の考えを整理していますが、読売新聞、産経新聞の一紙しか購読していない読者は、新聞の主張に影響を受けているだろうと心配になることがあります。(二〇一四年一一月)

8　沖縄に基地はいらない

多くの市町村が基地建設に反対

沖縄では二〇〇九年に辺野古新基地建設に反対する県民大会を開催し、翌一〇年の名護市長選で基地建設に反対を公約した稲嶺氏が当選、当時の仲井真知事も普天間飛行場の県外移設を表明しました。さらに沖縄県四一市町村長も基地建設反対声明を出しました。

政府の新基地建設理由を簡単にまとめると――。

①日本の周辺には核を持つ国などがあり、日本の安全がおびやかされている。在日米軍、海兵隊沖縄駐留は日本を守るだけでなくアジアの平和のための抑止力ともなっている。

②沖縄は地理的に日本・アジアの安全を守る重要な位置にある。

③海兵隊は司令部・陸上・航空・後方輸送の各部隊一体となって機能を発揮する。普天間飛行場は海兵航空隊の拠点となっている。周囲に人口が密集しているので移転の必要があるが、地理的その他で辺野古が適している。

④日米合意の辺野古移転を実現させ嘉手納飛行場以南の基地を返還し沖縄の基地負担軽減を図る……などです。

予定されている六ヵ所の基地返還は二〇二二年、辺野古基地完成後、①普天間、②桑江タンクファーム、③二四年〜二五年キャンプ桑江、④キャンプ瑞慶覧《ずけらん》、⑤牧港補給基地、⑥二八年那覇軍港となっています。辺野古基地建設と返還はパッケージさせない、という説も流れましたが、私は辺野古建設が条件になっていると考えてきました。

嘉手納基地のF22とF15戦闘機。ここには100機が常駐。本土基地、グアム、空母からも飛来する

新基地建設で莫大な費用と自然破壊

辺野古基地建設の埋め立て面積は一五二・五ヘクタール、ざっと計算すると東京ディズニーランドの約三倍です。埋め立て費用は二三一〇億円と言われていますが、埋め立てに使用される土砂は二〇六二万立方メートルだそうです。

この土、砂、ジャリは沖縄以外にも鹿児島、長崎、山口ほかの県から集められるとのことです。山が削られ海の砂が掘られた場所、埋め立てられた海の自然破壊は大変なものと思います。

私は本部《もとぶ》半島先端の備瀬《びせ》の民宿に時々行きます。珊瑚《さんご》礁がとてもきれいですが、一九七五年、沖縄国際海洋博覧会が本部半島で開催される前はもっと豊かな珊瑚礁が広がっていたと地元の人は言っています。会場建設の土砂やビーチの砂が流されてきて、一時は珊瑚が全滅したそうです。その後、復活してきたが元には戻らないと寂しそうな表情で語っていました。

北部の森林、島をかこむ海の自然は沖縄の宝です。巨大な費用をかけて辺野古基地が建設された場合、自然破壊ははかりしれないと思います。また、強化された新基地はいつまで固定化されるか見通しが立ちません。ベトナム戦争同様、アジアの同胞を傷つける基地ともなりかねません。

沖縄に新しい基地はいらない。

一つ一つ撤去して、「基地のない平和な島」は、世界の平和を考える人々の願いです。


（二〇一三年七月）

9　無理やり辺野古

沖縄の民意を無視しての評価書提出

二〇一一年末、田中聡沖縄防衛局長の「犯す前に犯しますよと言いますか」という発言が、沖縄の人々だけでなくいろいろな方面から批判を受けました。

沖縄全体が辺野古移設反対という状況の中で、二〇一一年九月二二日、オバマ米大統領から普天間移設で具体的な結果を出すよう求められた民主党政権の野田佳彦首相は年内に環境影響評価（アセスメント）の評価書を沖縄県に提出することを伝えました。

アセス評価書とは事業者が大規模建設事業をする場合、工事中や完成後、住民の生活、自然、生態系にどのような影響をもたらすかを調査して自治体に提出する書類です。

評価書の提出は新基地建設のための手続きであるから、県庁は受け取るべきでないと反対する人々も大勢いました。評価書はジュゴン・ウミガメ・魚類・サンゴ・海藻・ヤドカリなどの自然環境、排出ガス・騒音・土砂流出・汚水などの生活環境の保全について書かれていて七〇〇〇ページ余りになるそうです。滑走路・ヘリパッド・弾薬搭載区域など飛行場施設の配置計画書もありますが、基地は秘密にかかわるので、詳しくは記載していないとのことです。

県庁としては法的な手続きなので、一応、評価書を受理して主として沖縄の大学教員など動植物生態系、騒音など各分野の一三人の専門家によるアセス審査会で検討するとしました。

審査の結果、知事は評価書を受け取ってから、飛行場建設に関しては四五日以内、埋め立て工事は九〇日以内に政府へ意見書を出すことになっています。その意見書によって評価書を補正した後に政府は埋め立てを申請します。この当時は

「世界で一番危険」といわれる普天間基地。周囲に小学校10校、中・高・大の各学校、病院、保育所がある

仲井真弘多知事が、まだ辺野古移設に反対していたので、その知事がどのような意見書を出すのか、埋め立て申請にどう対応するのか私も強い関心を持って見ていました。

アセス評価書を、政府はいつ県庁に提出するのかが注目されていました。

返還四〇年、基地の島、沖縄の痛みは

二〇一一年一二月二八日夜、那覇市の居酒屋で田中局長（50）と沖縄のメディア・本土支局員との懇談会が催されました。その席で評価書提出期日を聞かれ、「犯す」発言が飛び出し、大きく報道されたのです。

私も、この表現に、多くの人と同様に怒りを感じました。沖縄の人たちが拒否している辺野古移設を無理に進めるから「犯す」という言葉になったのでしょうか。ほぼ本島の五分の一近くが基地となり軍用機の騒音、米兵による犯罪など、長年にわたって生活をおびやかされてきた人々の気持ちがわからない表現だと思いました。

一九七二年復帰後、米兵関連による犯罪は二〇一一年末まで五七一七件あるそうです。もちろん、復帰前も多くの凶悪犯罪が起こっていました。一九九五年九月四日、小学校六年生の少女が三人の海兵隊員に暴行された事件では、傷ついた少女の心を思い、多くの人々が目頭を熱くしました。「犯す」という言葉からこの事件を思い起こした人も大勢いたと思います。

寝込みの急襲に見た、政府の本音

さらに、この暴言に先立つ一二月一日、国会での質問に対し、一川保夫防衛大臣が少女暴行事件のことを「詳しいことはわからない」と答えたことにも驚きました。一九九五年一〇月二一日、宜野湾市海浜公園で行われた「暴行事件を糾弾する」県民総決起大会に八万五〇〇〇人が集まり怒りのシュプレヒコールを繰り返しました。この集会をきっかけに普天間基地返還が決められたのです。防衛大臣としては覚えておかなければならないことです。

アセス評価書は二〇一一年一二月二七日、配送業者が県庁に届けに来ましたが、提出に反対する人々に阻まれて持ち帰り、翌二八日午前四時すぎ、防衛局職員が段ボール箱一六個に入った評価書を守衛室の前に置いて立ち去りました。この行為に対し、多くの人々から、「寝込みを襲った」「仕事納めの日に奇襲」「姑息なやり方」「今年中というアメリカとの約束に合わせた」などの声が上がりました。

（二〇一二年一月）

10　二〇一〇年名護市長選挙の意味

米軍普天間飛行場の辺野古への移設問題が争点となった二〇一〇年一月二四日の名護市の市長選挙では、辺野古移設に反対する稲嶺進氏が当選しました。稲嶺氏の獲得票は一万七九五〇、移設に賛成した島袋吉和氏は一万六三六二票。私は沖縄生まれの一人として、島袋氏に投票した人々が心から移設を賛成しているとは考えていません。

裏切られた日本復帰後の沖縄

沖縄戦で多くの同胞を失い、戦後は騒音、犯罪など基地被害を身近に感じてきた人たちは、誰もが基地のない平和な島を願っていると思います。しかし、みんなも生活をしていかなければなりません。基地で働き、軍用地料をもらっている人も少なくありません。

私はこの人たちを非難する気持ちは全くありません。私も戦前からずっと沖縄に住んでいれば同じ立場を選んだかもしれません。基地の土地は沖縄戦の後、米軍によって奪われました。その後、軍用地料が支払われ、日本復帰後は安保条約によって基地使用が認められましたが、土地返還を願っている人々にとって、占領されているという気持ちはぬぐいきれないと思います。戦争で廃墟となり仕事を失い、土地を奪われた人々の中には、基地で働き、米軍相手のバーで生活収入を得る人もいました。日本に復帰すれば基地は減少し、生活も向上するだろうという人々の期待は裏切られました。

沖縄の容認・日本政府の合意ではこれまでと意味が違ってくる

復帰後も基地はそのまま残り、失業率は日本で一番高く、平均収入は一番低いのが現状です。そのような中で、辺野古への基地移設による政府からの基地振興策の導入金で生活の向上を図ろうとした市民の気持ちもわかります。基地は反対だが振興策のお金も必要という気持ちが、これまでの三度の市長選挙で基地容認候補の当選に結びついていたと思います。

二〇一〇年の選挙で島袋氏に投票した人も苦渋の選択だったと私は見ています。私が基地に反対しているのは、ベトナム戦争で沖縄の基地が最大限利用され、ベトナムの多くの民間人が死傷する状況を目撃したからです。イラク、アフガニスタンでも沖縄の基地が使われ民間人が犠牲になっています。

これまでの基地は米軍の占領から存続するものですが、沖縄の人々が容認し、日本政府合意のもとに建設された基地は、これまでの基地とは意味が違ってきます。もし、新基地が利用されて他の国の民間人が殺された場合、沖縄も日本政府もその責任を問われることになると思います。

辺野古のテント村を訪れた人々に、沖縄の問題は辺野古の問題であると訴える安次富浩さん

名護市長選挙に関する各紙の社説

この二〇一〇年名護市長選挙の結果について本土の各紙は要旨次のような社説を出しました。

朝日新聞……『県外探しを加速せよ』「新基地候補探しにいよいよ全力を」「広く国民の間で基地負担を分かち合うという難問に、答えを見出さねばならない」

読売新聞……『それでも辺野古移設が最善だ』「移設先が見つからなければ市街地の中心に位置し、事故の危険性と騒音問題を抱える普天間飛行場の深刻な現状が、長期にわたり固定化される。日米関係も悪化し危機的状況に陥るだろう」

毎日新聞……『辺野古反対の民意重い』「移設先が再検討されているこの時期に『受け入れNO』を突きつけた地元の意思を尊重することも現実の政治には必要だろう」

産経新聞は締め切り時間の関係からか長野版に選挙結果の記事はなかったけれど、一面の論文として次のように書かれていました。『首相の罪』「政府の最高責任者が、安全保障問題の判断を自治体有権者に委ねた稀有な例として記憶されることになる」

（二〇一〇年一月）

（その後、沖縄では辺野古新基地建設に反対する世論がますます強まりました。一二五〜一二六ページでも述べたように、稲嶺名護市長は二〇一四年の市長選で再選されました）

11　普天間基地は国外移設すべき

傍観されてきた基地問題

私は沖縄だけでなく日本全土の米軍、自衛隊基地はない方がいいと思っています。だから普天間基地の移設も県外ではなく国外と考えます。しかし、他県のほとんどの知事は、沖縄の基地負担の軽減を口にしながら基地の受け入れを拒否しています。

また、「安保条約は必要、米軍の存在は抑止力となっている」と考えている知事は、大きな声では言わないものの、心の中では、沖縄に普天間に代わる新基地が建設されることを望んでいるのではないかと私は想像しています。

「普天間基地移設問題は政府が考えること」と自分の考えを示さない知事だけでなく、これまで多くの人が沖縄の基地問題を傍観してきたことも、米軍基地の七五パーセントが沖縄に置かれる原因になっていると思います。その人たちに今こそ、普天間基地の国外移設に力を貸してほしいと私たち沖縄人は願っています。

土地返還なくして占領の意識はぬぐえない

私が普天間基地の県内移設に反対する大きな理由の一つとして、現在の基地の土地全てが沖縄戦の時、本土決戦を叫ぶ日本軍との戦闘準備をするため、また終戦後は「共産主義との対決のために」と住民から奪ったものだからです。

一九五三年四月、米軍の武装兵に警備されたブルドーザーが来て土地を奪われた銘苅集落。一九五五年七月、トラックに乗った武装兵が来て土地を奪われた宜野湾村伊佐浜集落、一九五五年三月、広大な農地を奪われ八〇人も米軍憲兵に逮捕された伊江村のことを考え、その場面を想像すると瞼《まぶた》が熱くなります。

現在は土地使用料が支払われていますが、戦争中、終戦後、捕虜収容所に入っている間に奪われた土地の使用料は払われず、収容所を出ても帰る土地がなく、荒野を開墾したり親類を頼って住んだのです。現在、使用料はいらないから土地を返してくれといっても返ってこないのであれば、地主にとって「占領されている」という意識はぬぐえません。将来は「基地のない平和な島」になることが願いなのに、このうえに新しい基地が建設されたとなると平和の島の夢は遠のきます。

もう一つ基地に反対する理由として、私はベトナム戦争中、サイゴン（現ホー・チ・ミン市）に住んで戦場を取材している時、米軍の攻撃で傷つき死んでいく大勢の民衆の姿を見ているからです。御存知のように沖縄はアメリカのベトナム戦争を支える最大の基地となりました。サイゴンの下宿で夜、眠っている時、沖縄から飛び立ったB52がカンボジア国境を爆撃している地響きが伝わってきました。一九七二年、米軍の爆撃にさらされていた北ベトナムを取材しましたが、徹底的に破壊された地方都市や農村を見て、アメリカは何の権利があってそのようなことをするのかと怒りを感じました。

ベトナムだけでなくカンボジアとラオスも、アメリカの政治介入と爆撃で多くの人が犠牲になっていました。そうした状況を撮影しながら、私の故郷でもある沖縄の基地が利用されアジアの同胞の命が奪われていることに心を痛めました。しかし、その後も、イラクやアフガニスタンでは沖縄から出撃した米軍によって現地の人々が傷ついています。

危険除去を理由の新基地建設に反対

私は沖縄人の一人として一九七二年、日本復帰の時、基地が「本土並み」に縮小されることを期待して今まで待ってきました。ぜひ、普天間基地の国外移設を実現させてもらいたい。普天間の危険除去を県内新基地建設の理由にしてはもらいたくないという気持ちです。

（二〇一〇年三月）

12　交渉は日本の態度にかかっている

アメリカはいまだ、沖縄を占領したつもり

普天間基地を撤去するという課題について日本政府は「辺野古が唯一の解決策」と繰り返してきました。二〇一〇年五月、移設先は「辺野古」と鳩山政権が発表した時、「がっかりした」と同時に、「やっぱりこれまでの日米両国の国益としてきた沖縄の基地問題を克服することはできなかったのだ」という気持ちになりました。

二〇〇九年の衆議院選挙で普天間基地の移設先は県外か国外としていた民主党が大勝し、鳩山政権となった時、沖縄人の一人として「県外・国外移設」に期待しました。私の生きている間に「基地のない平和な島」の実現を願っているからです。でも、民主党の人たちが考えているよりは難しい問題と思っていました。

アメリカは沖縄をまだ占領したつもりでいるようだ、ということをこれまでに何度か思い知らされてきたからです。しかし、復帰前のアメリカ施政下と違って今は日本です。そのことを強くアメリカに対して言えるかどうか、交渉は日本の態度にかかわっていると思っていました。

自分のこととして

日本政府は、日米安保条約は必要、抑止力のために米軍は必要という考えのもとで、強い態度に出ることができるかどうか、疑問に感じていました。また、移転先として県外では福岡、佐賀、宮崎、長崎、徳之島、国外としてグアム、テニアンなどの名が挙がりましたが、交渉に立つべき鳩山首相、岡田外相、北島防衛相、平野官房長官の態度から、どれだけ移転を真剣に考えているのだろうと疑問に感じていました。

民主党、自民党ほかの政治家も、全国知事も、国民も、皆が沖縄には巨大な基地があり、そのために騒音、米兵の犯罪などで地元の人たちが苦労している、何とかしてあげたいという気持ちを持っていると私は信じています。問題は、それを沖縄の人の立場に立ち自分のこととしてどれほど、真剣に考えることができるかです。

沖縄の基地は米軍にとって居心地よく

私は戦場の取材経験はありますが、軍事を研究しているわけではないので、沖縄が海兵隊基地としてどのように適しているのかよくわかりませんが、米軍にとって居心地よい場所であることは、沖縄に居座る大きな原因になっていると考えます。莫大な「思いやり予算」でいろいろと配慮されていることもありますが、兵士たちが基地の外へ出れば市民と同じような生活ができる、沖縄が築いてきた文化を共有できる……などがその理由です。居酒屋でも家族で来てゴーヤチャンプルーなど沖縄料理を食べ泡盛のジュース割りなどで楽しんでいます。

私はアメリカ人が好きなのでそういった様子をほほえましい光景として眺めています。休日には子どもをつれてビーチや遊園地にいくなど、兵士の不満を解消することも軍隊では必要なことです。

狭い沖縄に広々した場所、あらためて驚き

沖縄人たちは基地や軍に対しては反対の民意を示していますが、個人的な米兵には寛大です。嘉手納基地で働いている沖縄人の案内で基地内のレストランへ行ったことがあります。私服に着替えた兵士や家族がステーキなどの夕食を楽しんでいました。ウェイトレスは沖縄人です。ファストフードレストランなどもあります。ついでに基地を一周しました。以前にも入ったことがありましたが、狭い沖縄にこんな広々とした場所があるのかとあらためて驚きました。

占領後の長い歴史の中で、軍事面だけでなく生活面でも「金網の中のアメリカ」を築いていたのです。これでは基地を手放す気持ちになれないだろうなと思いました。しかし、この嘉手納基地から発進したB52がベトナムの人々に大きな被害を加えたことは事実です。また米兵の犯罪によって苦しめ

られる沖縄市民、米軍の攻撃で犠牲となっているイラクやアフガニスタンなどの民間人がいます。
辺野古の基地建設に賛同している人々に、もう一度こうしたアメリカ軍による被害を考えてもらいたいと思います。

（二〇一〇年七月）

13　嘉手納、普天間の爆音被害

第三次嘉手納爆音訴訟

二〇一一年四月二八日、沖縄の嘉手納基地周辺の五市町村に住む二万二〇五八人（七四八九世帯）が、国に対し、米軍機の夜間・早朝の飛行禁止と爆音による被害の賠償を求める「第三次嘉手納爆音訴訟」を那覇地裁沖縄支部に起こしました。

二〇〇九年の「第二次訴訟」控訴審判決の時、国は「騒音」は認めましたが「飛行差し止め」は「米軍機が飛ぶことに日本の政府は口出しできない」と認めませんでした。基地周辺の人々は「子どもや孫を静かに寝かせてやりたい」と夜七時から朝七時まで飛行の中止を求めていたのです。

沖縄は日本です。なぜ政府は米軍に対して「地元の人たちが苦しんでいるのだから、飛ぶのは中止しなさいと言えないのか、裁判所は民衆の立場ではなく政府の立場に立つのか」と、私は怒りを感じました。

第一次訴訟（一九九八年に判決）を起こした人は九〇六人、第三次訴訟は、第二次訴訟の五五四二人の約四倍です。訴訟を起こしたのは、W値（うるささ指数）七五以上の人々ですが、その数字には満たないものの騒音に苦しんでいる人は数十万人もいるのです。

注「W値」は、加重等価平均感覚騒音レベル Weighted Equivalent Continuous Perceived Noise Level 略してWECPNL、うるささ指数とも呼ばれる。

嘉手納基地のF15。飛び回る各種軍用機の騒音がすごい。2009年7月

嘉手納統合を求める米上院軍事委員会

二〇一一年五月一一日、アメリカ上院軍事委員会のレビン委員長、マケイン筆頭委員、ウエッブ委員が、「辺野古に新しい基地を建設するのは、費用がかかるし地元も反対していて難しい」と、普天間基地の部隊を嘉手納に移すことの検討を国防総省に求めたということがありました。

これに対し、嘉手納基地に接している嘉手納町、北谷町、沖縄市の人々はもちろんのこと、沖縄の多くの人が猛反対しました。嘉手納基地に駐在する部隊の訓練だけでもすごい騒音なのに、さらに普天間の海兵隊のヘリコプター部隊や軍用機が増えるなど、とんでもないと怒ったのです。

米軍事委員会は、嘉手納基地の軍の一部はグアムや本土の基地に移すといっていますが、それがどの程度かわからないし、海兵隊には現在のヘリコプターより騒音が大きく墜落事故も多いといわれている垂直離着陸機「オスプレイ」の配備が決まっていました。

嘉手納基地、普天間基地の実態

嘉手納基地には二〇一一年五月、F15戦闘機五四機、空中給油機や輸送機など一五機、普天間基地には大型ヘリコプターなど三六機、空中給油機・輸送機一六機が常駐していました。

そのうえ嘉手納基地では常駐機以外に外来機といって本土の基地や空母、グアムなど他国の米軍基地からの軍用機が絶え間無く飛んできて訓練するのです。二〇一〇年は四万四九〇〇回、軍用機が離着陸しました。その都度爆音が響きますが、そのうち外来機は一万四〇五〇回だそうです。

米軍事委員会の普天間基地部隊の嘉手納移転要請に対し、アメリカと日本の政府はこれまでの日米合意通り辺野古に新基地を建設するとしていますが、軍事委員会の三議員はかなり実力者で、マケイン委員はかつて大統領選挙にも出馬しています。

民主党の鳩山政権のときも岡田克也外相が普天間基地と嘉手納基地の統合を検討しましたが、沖縄の人や米軍の反対でとりやめとなった経過があります。辺野古建設は難しいと米軍事委員会も認めたのです。日米両政府とも沖縄での建設はあきらめてほかの案を真剣に考え直した方がいいのではないかと思います。

沖縄本土復帰から三九年目の県民大会

沖縄が本土に復帰して三九年目となる二〇一一年五月一五日「5・15平和とくらしを守る県民大会」が宜野湾市で開催され三〇〇〇人以上の人々が参加しました。現地からの報道を見ると、「普天間基地の嘉手納基地統合」「辺野古新基地建設」「東村・高江のヘリパッド建設」「与那国・宮古・八重山への自衛隊配備」などに対する反対の声が目立ちました。

本土からの参加者は福島原発事故に関連して、「基地も原発も危険なものはいらない」「国策で押し付けられた原発と基地に怒りを感じる」「基地、原発被災地の苦しみは同じ」と言っていました。

また、沖縄の人々の「本土では原発に反対する声が高まっているが、沖縄の基地への関心は低い」という不満の声もありました。

（二〇一一年五月）

14　なぜ沖縄返還を望んだか

故郷への出入りに「パスポート」が必要

父は沖縄で郷土の時代小説や沖縄芝居のシナリオを書き演出するなどの仕事をしていました。本土で仕事の幅を広げたいと一九四二年、母と四歳の私を連れて本土へ移住しました。沖縄がまだ平和な時でした。

千葉県船橋市の小学校に入学しました。次男だった私は、母方へ養子に行くことになっていたので安里姓でした（兄が病気になったので高校から石川姓となりました）。

本土では珍しい名前だったので「オキナワ」というあだながつけられました。私は気にしませんでしたが、後になって沖縄出身の人からそれは差別ではないかと言われました。

本土で生活をしていても「自分は沖縄人」といつも思っていました。

一九五六年、軍用地使用料を一括払いにして永久使用するというプライス議員の米政府への勧告に、沖縄は島ぐるみの反対闘争をくり広げました。私はその時、東京の定時制高校四年でしたが、定時制高校連絡協議会の集会で「プライス勧告反対・沖縄支援」を訴えました。

翌五七年、一五年ぶりに帰郷することになりましたが、そのために必要なパスポート（身分証明書）の申請がとてもめんどうでした。まず福岡県の福岡法務局沖縄事務所へ手紙を出して戸籍謄本を取りよせ、霞ヶ関の総理府沖縄・北方対策庁へ行き申請しました。この申請書は沖縄へ送られ、アメリカ民政府によって審査されます。革新政党員、基地返還復帰運動などをしている人はまず渡航は許可されませんでした。本土の人だけでなく、沖縄人でも本土から帰れない人、沖縄から出られない人は大勢いました。

今、私の手元にある一九六九年二月一八日に沖縄で受けたパスポートは、英語と日本語訳文で書かれ、「本証明書添付の写真及び説明事項に該当する琉球住民石川文洋は日本へ旅行するものであることを証明する」とあります。そして、琉球列島高等弁務官と記され、米民政府出入国管理部長のサインがあります。

一九五七年、船は那覇港に着きましたが、当時、片方の岸壁は民間、片方は米軍の共用でした。甲板から米軍側を見ると大勢の米兵が動き回っていました。

一九五五年、南ベトナムのサイゴンに米国の支援によってベトナム共和国が樹立され、サイゴン政府軍に武器弾薬など強力な援助をしている時でした。沖縄に着いたとたんに話に聞いていた米軍基地の現実が目の前に現れました。バスで沖縄各地を回りましたが米軍基地の広いことに驚くばかりでした。

その後、私はベトナム戦争を取材するようになりましたが、ベトナムへ派遣される兵士の訓練、ベトナムに駐留する米兵の兵器、食料ほか様々な物質の補給基地、負傷兵の治療や一時休暇を楽しむ歓楽街、B52爆撃機の発進基地など、あらゆる面で沖縄の基地はアメリカのベトナム戦争を支えていました。私の故郷が利用されてベトナムの人々が犠牲になっている姿に心が傷つきました。

「基地のない平和な島」実現までは

沖縄の人々は、復帰して基地が減少し本土との経済格差が是正されることを願いました。一九六九年から復帰のための集会が何度も開かれました。会場のスローガンや参加者のゼッケンには「基地撤去」「安保破棄」「自衛隊配備反対」「核ぬき、本土なみ」「原潜寄港反対」「基地労働者大量解雇反対」「CTS（石油備蓄基地）反対」「軍国主義復活反対」「基地協定反対」「異民族支配反対」ほかたくさん書かれていて、アメリカと日本、両政府に対する沖縄人の不満が現れていました。

一九七二年五月一五日、沖縄の「本土復帰の日」。私は早朝から夜まで沖縄中を回りました。しかし、復帰を祝うという光景はありませんでした。それは朝から降り続いていた雨のせいでなく、復帰前、「スローガン」「ゼッケン」に書いてあった要求のほとんどが通らなかったからです。沖縄の流通貨幣だった米ドルと円の交換が復帰二日前に一ドル三〇五円になりました。半年前までは一ドル三六〇円だったので一ドル五五円の損失は直接、生活に響くことになります。

復帰の日、与儀公園で「沖縄処分反対県民大会」が開かれその後、国際通りをデモ行進をしました。それから四〇年後、二〇一二年の五月一五日、私は再び沖縄を回りました。市街には「復帰四〇年」を祝う様子は全く見られず、与儀公園、普天間基地では四〇年たってもそのまま居座る基地などに対する抗議集会が開かれました。

沖縄人の願う「基地のない平和な島」の実現まではまだまだ厳しい道のりが残されています。私の生きている間にその沖縄の姿を見たいと思っています。

（二〇一二年五月）

15　米軍基地を拒否したフィリピン

私は、日本に米軍基地は必要ないと思っています。その点、思い出されるのは米軍基地を拒否したフィリピンのことです。思いやり予算を使ってまで基地をアメリカに提供している日本と、アメリカが使用料を払うと言っているのに基地使用を拒否したフィリピン――基地に対する両政府の考え方の大きな違いをいつも感じています。

軍用基地は大きく変貌した

二〇〇〇年、灰谷健次郎さん（故人）とフィリピンのクラーク基地へ行った時、入り口の「歓迎（ウエルカム）」の文字を見た時は目を疑いたくなりました。一九八五年に見た時は、クラーク基地のゲート前は、米兵が警備して沖縄の基地と全く同じだと思ったからです。

クラーク空軍基地は沖縄にある米軍基地の合計面積の約二倍、沖縄本島面積の半分近い四万三〇三六ヘクタールもありました。もう軍用基地ではありません。敷地内にはリゾートタイプホテル、大型マーケット、レストランなどがあり、工業団地の建設も進み、ヨコハマタイヤの看板をつけた工場も見られました。ベトナム戦争中は、嘉手納基地のように騒音に覆われていたのではないかと想像しましたが、今は静かすぎるほどでした。

それから、横須賀や佐世保の米海軍基地よりはるかに大きかったスービック米海軍基地だったところへ行きました。ここの入り口にも「歓迎」の大きな看板があったのですっかり嬉しくなってしまいました。沖縄の基地入口の撮影では米兵から追い払うしぐさをされたり、いやな思い出が何度もあったからです。

入口はかなり大勢の人で込みあっていました。どうしてかと聞いてみると敷地内にある工場は三交代制で操業しているがちょうど従業員の交代時間とのことでした。これも嬉しい光景でした。アメリカの戦争に利用されていた軍事基地にフィリピンの経済発展のための工場が建っているのです。

内部には工場、ホテル、レストラン、商店のほかに兵舎を利用したボーイスカウト・トレーニングセンター、ヨットハーバー、ゴルフ場などの施設があり、飛行場も観光団体のチャーター機や、工場経営者や資本家の個人所有の飛行機などに利用されているとのことでした。

フィリピン、米海軍基地跡の工場、商店、ホテルなどに勤める人々で混雑するスービックゲイト前。2000年

三〇〇年の植民地後、アメリカの基地が

フィリピンは一五七一年から約三〇〇年、スペインの植民地となっていました。一八九八年、アメリカ・スペイン戦争に勝利したアメリカは、フィリピンを植民地としましたが一九四二年から四五年までは日本軍が占領していました。

日本の敗戦直後は、再びアメリカが統治しましたが、一九四六年にフィリピンは独立しました。スービック海軍基地はスペイン植民地時代はスペイン艦隊が使い、アメリカの支配時代はアメリカ艦隊が使用。クラーク空軍基地はアメリカの統治時代の一九一七年に建設されました。一九四七年、アメリカとフィリピンとの間で基地協定が調印されクラーク、スービックはアメリカの基地となりました。

一九九一年九月一六日、基地のない国へ

二つの基地は日本の基地と同様、朝鮮戦争、ベトナム戦争のアメリカ軍支援基地となってあらゆる面で活用されました。基地貸与契約によって基地は日米安保条約と同じように一〇年ごとに貸与批准書が交わされています。一九九一年九月一六日は一〇年目の期限更新に当たっていました。

この日、二三人（二四人のうち一人欠席）の上院議員によってアメリカに基地を貸すかどうかの採択がありました。貸すためには、三分の二、一六人以上の賛成が必要という決まりになっていました。八人が反対すれば基地は使用できないことになります。

採決の結果、貸さないことに賛成一二、貸すことに賛成一一、一票の差でアメリカの巨大な基地、クラークとスービックは永久にフィリピンからなくなることが決定したのです。

この結論に至る過程でフィリピンでは、上院議員ほか、あらゆる分野の人々が米軍基地を論じ合いました。「米軍基地はフィリピンでなくアメリカの利益のためにある」「他国の巨大な基地がある限り真の独立国とはみなされない」「米国の核戦争に巻きこまれる」「アメリカの敵はフィリピンの敵にされる」「朝鮮戦争では基地が利用されアジアの同胞が殺された」「基地の存在がフィリピン経済を壊し

てきた」。いずれも現在の沖縄に通じる言葉です。

フィリピンから米軍基地がなくなるまでのことは、松宮敏樹・元「赤旗」マニラ特派員の『こうして基地は撤去された』（新日本出版社）に詳しく書かれています。現在、南シナ海のパラセル諸島、スプラトリー諸島に海軍基地を建設する中国の動きに対し、米軍基地を建設する、米軍がフィリピンの軍事基地を部分使用できる協定が結ばれましたが、フィリピンが、クラークとスービックの米軍巨大基地を撤去させた事実は歴史に残ります。


（二〇一〇年二月）

16　私が見たオスプレイ

二〇一二年九月九日、オスプレイ配備反対県民大会を取材しました。会場を埋めつくした人々から、無理難題を押しつけてくる日本政府と米軍に対する反発心の意気込みを感じました。

しかし、その直後、一〇月一日にオスプレイは強行配備されました。さらに二〇一三年の四月にも追加配備があり現在は二四機になっています。沖縄人の気持ちなんか「どこ吹く風」といった政府、米軍の態度です。

オスプレイの機数が増えるとそれだけ墜落の危険性と騒音も大きくなります。二〇一三年九月と一〇月の二回、オスプレイの撮影に行ってきました。これまでにオスプレイに関する記事や映像はずいぶん見てきましたが実物を見たことはありませんでした。

緊張して構えるカメラの前にオスプレイが

普天間基地を一望できる沖縄国際大学の屋上で待機しました。

ベトナム戦争撮影中、ヘリコプターには数知れず乗ったのでローターが回る独特の飛行音はよく知っています。やがてパタパタという音がしたのでその方向を見るとまさしくオスプレイが見えてきました。朝早くどこかへ飛び立っていたのが戻ってきたのです。

普天間基地所属のオスプレイ。撤去されるまで住宅地などで事故を起こさないことを願う。2013年

緊張してカメラを構えました。配備から一年、基地近くの人には見慣れた光景かもしれませんが、私にとっては初めて見るオスプレイです。カメラマンとしてこうした気持ちになったことが何度かあります。長年、見たいと思っていたアンコールワットに近づいた時、南ベトナム解放戦線グエン・フー・ト議長、ベトナム民主共和国（北ベトナム）ファン・ヴァン・ドン首相の単独撮影、初めての夏の甲子園大会撮影などです。例えがバラバラですが、念願の撮影が実現する時の心境はカメラマン独特のものと思います。

空中のオスプレイに向かって夢中になってシャッターを押し続けました。着陸してから滑走路を移動している様子を見つめ、いつまで沖縄に居座るのだろうと思いました。

沖縄全体の反対よりも国策が大事？

沖縄ではほとんどの県民と知事、県議会、全市町村長と議会がオスプレイ配備に反対したにもかかわらず強行配備されました。安保条約に基づきアメリカの意向を通すことが日本の国益になると日本政府が考えているからです。

二〇一二年、オスプレイ反対県民集会の二日後、仲井真弘多県知事と森本敏防衛相（ともに当時）との知事室での会議を撮影しました。森本大臣が配備の理解を求め仲井真知事が反対の意向を伝えていましたが、私の目には茶番劇として映りました。

森本大臣としては、知事と会うのは一つの形式で、知事が要望しても国策としての配備が変更になるとは思っていなかったでしょう。国は一県の市民の感情より国策を優先させます。だから、沖縄全体で反対している辺野古新基地建設も進めていくと思います。それに政府として多くの国民に選ばれた政権党であるという自信を持っています。

配備に賛成はしないが……

二〇一二年七月に沖縄タイムスが全国知事へのオスプレイ関連アンケートでは、どの県も配備には賛成していないが「どちらとも判断できない」(六)、その他(二三)、無回答(一〇)。はっきり反対としているのは和歌山、岡山、広島、山口、徳島、高知の六県だけという状況も政府支援になっています。

同じく二〇一二年一一月に開催された九州市長会での活動案では沖縄が提出した「沖縄県へのオスプレイ配備撤回を求める」という文が削除されました。鹿児島県志布志・本田修一市長の「配備撤回の決議をすると、沖縄県以外の県に持ってきてもいいと意味することにならないか」との発言や「国防に関する問題は市長会での決議案にふさわしくない」などの意見が削除の原因とのことです。

「沖縄の過重な基地負担の軽減を求める決議案」に修正されましたが、アンケートには全国の知事、市長は、「沖縄の基地負担、オスプレイ配備反対」と口では言っても「自分の県に回されるのは厭」という気持ちが現れていて、政府が沖縄へ強行配備する背景になっていると思います。

(二〇一三年一〇月)

17 オスプレイにレッドカード

一〇万人以上が「反対県民大会」に結集

すでにふれたように、二〇一二年九月九日、沖縄・宜野湾市の海浜公園で催された「オスプレイに反対する沖縄県民大会」へ行ってきました。大会開始かなり前から家族連れ、反基地グループ、友人同士などの人々が続々と集まってきて、たちまち会場はいっぱいになりました。

八月六日の開催が直前に台風による延期、仲井真知事（当時）の大会不参加などもあり、どのくらいの集会になるのだろうと心配する声もありましたが、一〇万一〇〇〇人で埋め尽くされた会場にはオスプレイ反対の熱気が溢《あふ》れていました。

県民大会は本土政府への不信感の表れ

なぜ、これほど大勢の人が会場へ足を運んだのでしょう。それは単にオスプレイ配備反対だけでなく、本土政府のこれまでの沖縄への仕打ちに対する怒りが積み重なっているからです。沖縄人にとって、「オスプレイ配備問題」は「沖縄歴史問題」でもあります。

オスプレイは試作早々から機体の欠陥が見つかり、墜落の危険性を指摘されてきました。そして、沖縄配備が決まっているにもかかわらず、日本政府は危険なことも配備も国民・沖縄県民に知らせず隠してきました。政府への不信感は県民大会に現れていました。

一九八七年、米海兵隊は使用中のCH46ヘリコプターに代えて新型機MV22オスプレイの沖縄配備を計画しました。しかしオスプレイは、九一年、アメリカで試作機が墜落して二人軽傷。九二年、墜落七人死亡。二〇〇〇年四月墜落一九人死亡。一二月墜落四人死亡。一〇年、アフガニスタンで墜落四人死亡、六月、アメリカで墜落五人負傷と事故が相次ぎました。

沖縄では、いち早く米軍の普天間配備と墜落事故の情報を得て配備反対の声をあげていましたが、日本政府は、配備については知らない、墜落と安全は調査中、との態度を通しました。

二〇〇〇年、米海兵隊ジョーンズ司令官（当時）が沖縄配備を明言し、〇五年にも、普天間基地へ一二年に配備するとの計画が判明しましたが、町村外相（同前）は「現時点で決まっていない」と否定しました。

日本政府が、米海兵隊は従来のCHヘリからオスプレイに代えると公式に認めたのは〇六年です。オスプレイは六つの欠陥があるといわれます。最も危険な欠陥は、エンジンが止まって降下する時、ローターが風で回り不時着できるオートローテーション（自動回転）装置がついていないことだそうです。アメリカの事故調査委員会がこの欠点を認めているのに日本の政府は安全を強調しています。

森本防衛相（同前）が二〇一二年八月三日、ワシントン郊外でオスプレイに乗って「快適だった」と言ったとの報道を見て、これまでの歴代防衛相や首相を含めた閣僚は、どれほど戦争の実態を知っているのかと疑問を感じています。

オスプレイの配備に反対する県民大会（2012年）。会場には家族連れも多かった

ヘリコプター作戦は殺傷が目的

私は四年間のベトナム戦争従軍で数え切れないくらい大小のヘリコプターに乗りました。ヘリコプターは戦場や農村で解放軍兵士や民間人を殺傷する米兵を乗せ、それによって、大勢のベトナム人が傷つき死んでゆく姿を目撃しました。軍用ヘリコプターはそのように使用されるのです。「快適」というのは戦争を知らない人から生まれる言葉です。

今、アフガニスタンでも米軍のヘリコプター作戦によって大勢の民間人が犠牲になっています。五九年に沖縄県石川市（現うるま市）に戦闘機が墜落、児童・市民二七七人が死傷しています。〇四年には沖縄国際大学に大型ヘリが墜落しました。幸い夏休み中だったので犠牲者はいませんでしたが、すぐ近くの住宅地に墜落していたら大惨事になるところでした。宜野湾市には学校、病院、保育所などの施設がたくさんあります。

配備阻止は「命どぅ宝」そのもの

オスプレイの配備阻止は、沖縄ほか本土の飛行ルート下の人々の命を守るだけでなく、オスプレイに乗った兵士によって奪われるかもしれない他の国の人々の命を救うことになります。沖縄には「命《ぬち》どぅ宝」（命こそ宝）という言葉があります。「命どぅ宝」を守るために「オスプレイ反対大会」会場に集まった人々の姿を見て、基地に反対する沖縄人の気持ちが強いことを感じました。（二〇一二年九月）

18　空にはオスプレイ、陸には米兵

二〇一二年九月九日、沖縄県宜野湾市の海浜公園で行われた「オスプレイ配備に反対する県民大会」に集まった一〇万三〇〇〇人の人々を見て感動しました。しかし、翌一〇月の六日、日本政府と米軍は、普天間基地にオスプレイ一二機の強行配備を終了させました。普天間基地の大山ゲート、野嵩ゲートに抗議の座り込みをした人々は警官隊によって強制排除されました。

日本政府は一応、住宅地など危険な場所での低空飛行をしないよう米軍に要請してオスプレイは安全との宣言をしたが、住宅地の上を飛んでいる様子が新聞・テレビで報道されました。

「9・9県民大会」に示された大勢の人々の声を無視しての強行配備は、沖縄人の生命よりも日本の防衛という国策の「日米安保条約」を優先させたものです。アジア・太平洋戦争で本土を守るために沖縄を捨て石にし、多くの民間人を犠牲にした当時の政府と変わっていないと思いました。沖縄の人々は上空を飛ぶオスプレイを見るたびに政府への不信感を強めています。

地位協定のため犯罪は防げない

そのような時、二〇一二年一〇月一六日にブローニング上等水兵とドージャーウォーカー三等水兵が帰宅途中の女性を襲った性的暴行事件で沖縄警察に逮捕されました。

沖縄はオスプレイ配備同様、この事件に対する怒りに覆われました。いくら政府・米軍に抗議をしても米兵による性的暴行事件はなくならないからです。

しかも、犯人が基地に逃げ込んだり、基地外で沖縄警察に逮捕されても「公務中」の場合は沖縄警察には調べることができないという地位（基地）協定があり、米軍に裁かれて刑が軽くなったり、無罪となる場合が多かったのです。地位協定は沖縄以外でも適用されていますが、七四パーセントの米軍基地が集中している沖縄には米兵の犯罪も多く、沖縄に対する差別と沖縄人は感じています。沖縄県知事は地位協定の改定を申し入れていますが、犯人が沖縄、米軍どちらに裁かれようと被害者の悲しみと心の傷は消えません。

敗戦後の米兵の犯罪の歴史

米兵の沖縄人に対する性的暴力は一九四五年、本島上陸に先だつ慶良間《けらま》諸島上陸から始まっていました。

その年、沖縄全体で三五件の強姦事件が起こり、四六年に三九件、四七年に三六件とその後も毎年続いています。被害者には少女も多かったのです。

一九六一年から復帰前の一九七一年まで、米兵の性的暴行事件は一九八件申告されているのに検挙数が八七人しかいないのは、兵士が基地内に逃げて迷宮入りになったり、米軍法会議で無罪になっているからです。復帰後一九七二年から二〇一二年一二月までの米兵の犯罪は五八〇一件、このうち性的暴行事件は一二八件、殺害された民間人は一二人。一二年以降も事件、犯罪は続いており二〇一三年の八月にも那覇市で海兵隊員が強制わいせつ致傷事件を起こしています。性的事件は被害者の届け出が少なくこの数字は氷山の一角と言われています。

湾岸戦争当時、出撃前の海兵隊訓練(1990年)。沖縄の基地はイラク、アフガニスタンでの戦争にも使われている

これまで何度も、沖縄県知事が政府・米軍へ抗議をしてその都度、再犯防止の努力をするとの約束を受けますが犯罪はなくなりません。この二〇一三年八月の事件の時も、在日米軍アンジェラ司令官は在日米兵の夜間外出禁止令を発令したが、いつまで続くのか疑問の声が上がりました。

二〇一四年九月、在日米兵は四万九五〇三人。そのうち二万五八四三人が沖縄駐在(二〇一一年六月。二〇一二〜一四年は非公開)。若い海兵隊員は半年で入れ代わっています。一時的に外出禁止・注意をしても米軍基地がある限り米兵の犯罪はなくならないと思います。

今、沖縄では「空にはオスプレイ、陸には米兵」とその危険性を訴えています。

(二〇一二年一〇月)

19　沖縄民謡が流れる抗議行動

二〇一三年九月九日から一四日までオスプレイ撮影のため沖縄へ行ってきました。一一日、四〇年来の付き合いである今郁義さん（六六歳・元沖縄市平和文化振興課長）と「中頭郡青年団ＯＢ会」がオスプレイ撤去要求・座り込みをしている普天間基地の大山ゲート前へ行きました。

皆さんはゲートの金網の前から少し離れた広場にテントを張って椅子に座り、スピーカーからは沖縄民謡が流れてのんびりとした雰囲気でした。二〇年前からお付き合いいただいている有銘政夫さん（八二歳、元沖教組中頭支部委員長）の赤い服と赤い菅笠姿を見て懐かしい気持ちで挨拶をしました。

赤はオスプレイにレッドカードをつきつけるオスプレイ反対のシンボルカラーです。二〇一二年のオスプレイ配備反対県民大会会場は赤いＴシャツ、ハチ巻、プラカードで埋まっていました。

基地反対運動ではいつも先頭に立っていた中根章さん（八一歳、元沖縄県議会副議長）も赤いハチ巻とシャツで座っています。「民謡がいいですね」と言うと、中根さんは「私たちも歳だし長い闘争だからね」と笑っています。これからも反対を続けていくためのＯＢ会なりの方法と思うと、民謡が心に染みてきてこの場に合っていると感動しました。

「青年団」から「OB会」へ

前列左から有銘政夫、野田昌夫、中根章、新崎盛正、翁長妙子、徳田米三、稲福隆。後列左から宮平光一、崎浜茂、田場盛順、玉那覇正幸の各氏

「中頭郡青年団」は一九五一年に石川市（現うるま市）から浦添市までの若者で結成されたそうです。この地区には嘉手納基地、読谷補助飛行場、ホワイトビーチ、普天間基地、牧港補給基地など米軍基地が集中しています。有銘さん、中根さんほかの人たちもその頃は若々しい青年だったのです。

この日の座り込みに参加できなかった中宗根悟（八六歳、元復帰協事務局長）、喜友名《きゆうな》朝昭（八四歳、元北谷町助役）、宮城健一（八〇歳、元浦添市長）、新川秀清（七五歳、元沖縄市長）の皆さんほか、大勢の方が「OB会」に参加して一〇人の女性の方もいるそうです。

「青年団」は、アメリカ施政下で本土復帰運動にも身を投じてきました。しかし、復帰後も基地はそのまま残り、湾岸、イラク、アフガニスタンなどの戦争に沖縄の基地が利用され、辺野古新基地建設計画、オスプレイ配備強行と「青年団」は「OB会」へと年をとっても反戦活動から引退することができません。

年はとっても行動は早い

「ＯＢ会」は毎月一回、沖縄市で「泡盛」を飲みながら現状を話し合い、二〇一二年九月のオスプレイ反対大会以降、月二回、大山ゲート前で座り込みをしています。

沖縄の北端、辺土《へど》岬に立つ「祖国復帰闘争記念碑」が何者かに壊された時、「ＯＢ会」はすぐ寄付を集め修理をしました。「年はとっても行動は早い」と若い事務局の人が先輩をたたえていました。

本土復帰、基地反対と運動を続け、沖縄戦後史を物語る人々の間を静かに沖縄民謡が流れていました。

夜は、今さんと共に新川秀清さん（第三次嘉手納基地爆音差止訴訟原告団団長）、平良眞知さん（六二歳、同事務局長）、崎浜茂さん（六五歳、同局次長）、石川元平さん（七五歳、普天間米軍基地爆音訴訟団副団長）と、泡盛と夕食をいただきながらお話をうかがいました。

「市民平和の日」九月七日

新川さんの市長時代、私は写真展などでお世話になりました。元平さんは復帰二〇年の時、サンフランシスコ条約効力発生の日を「屈辱の日」とする集まりでお会いしました。

一般には一九四五年六月二三日が沖縄戦終結とされていますが、その後も大勢の民間人が犠牲となり自決者もいるとのことです。六月二九日には、久米島で鹿山守備隊によって住民九人がスパイ容疑で殺され、八月二〇日にも鹿山守備隊は谷川昇一家七人を虐殺しました。

そういうこともあってOB会の人たちは九月七日、嘉手納基地内五越村森根で行われた日本軍先島群島司令官納見敏郎中将ほかと米軍司令官スティルウェル大将との降伏文書調印の日を沖縄戦の終わりの日としているとのことです。

（二〇一三年九月）

第2章　集団的自衛権で安全は得られない

1　安保法制廃止、辺野古建設阻止こそ

自衛隊に死傷者が？

二〇一五年九月一九日、安全保障関連法案が参院本会議において賛成一四八、反対九〇で可決、成立しました。賛成したのは自民党、公明党、次世代の党、日本を元気にする会。新党改革。反対は、民主党、維新の党、共産党、社民党、生活の党と山本太郎となかまたち。参院会派の無所属クラブ。安保法制は公布された後、半年以内に施行される予定です。

安倍政権を倒し安保法制を廃止しない限り、同法によって出動した自衛隊員に死傷者が出ます。自衛隊創設以来、憲法九条によってかろうじて守られてきた「一人も他国の兵士を殺さず、一人の戦死者も出していない」という言葉は使えなくなる恐れが現実のものになっています。

かろうじてというのは、これまで自衛隊はイラク他の国々へ派遣されてきたからです。一九九三年、

ベトナム戦争中、解放軍の攻撃を受けた南ベトナム政府軍の補給トラック。補給は戦闘行為とみなされる。1965年

私はカンボジアPKO活動で道路を修理していた自衛隊を取材しましたが、反政府勢力の攻撃を受けなかったのは運がよかったと思っています。その時、NGOの日本の民間人が一人犠牲になりジャーナリストも襲われています。

二〇〇二年のアフガニスタンでは国際治安支援部隊を撮影しました。戦争を起こした米軍の二三三一人とイギリス軍の四五三人は別としてカナダ軍一五八人、フランス軍八六人、ドイツ軍五五人、イタリア軍四八人、デンマーク軍四三人など各軍に戦死者が出ています。その時、日本で安保法制が施行されていたら、自衛隊も出動して犠牲者が出た可能性があります。

アメリカしか見ない安倍首相

国会での安保法案可決までの予算委員会でのようすを見ていて、日本の議員は世界に対して恥ずかしいと思わないのかと情けなくなりました。与党も野党も委員長席でもみ合っています。お互いに主張を通すためには仕方がないという言い分があると思います。それでも外国の人が見たら、異様に感じるはずです。

日本は、国連で常任理事国となることを望んでいるとのことですが、日本国内のことも治められない日本政府に、世界のことが解決できるのかと疑問が生じるのは当然でしょう。国民の意見に耳をかたむけない、アメリカ従属の政策と思われても仕方がありません。

安保法案も辺野古新基地建設問題も、九月の安倍首相訪米までに解決するとアメリカ政府に約束したそうです。そして多くの反対があるのにもかかわらず、安保法案を国会で可決し辺野古建設作業も着工しました。米国政府は、こうしたことを高く評価しています。安倍首相はアメリカへ行って、よくやったと褒められて鼻を高くするでしょう。

自衛隊員が殺し、殺されるのを防げ

国会で安保法案が通ったといっても、自衛隊の若者たちが殺されたり殺したりする状況を容認することはできません。それは私たち年配者の責任でもあります。幸い、若者たちも立ち上がっています。多くの憲法学者が集団的自衛権は違憲と言っているのに強引に通そうとする安倍政権に怒りを感じたのでしょう。

私は、一九六〇年安保、一九六〇年代のベトナム戦争、一九六六年エンタープライズ佐世保寄港、一九七一年沖縄返還協定、佐藤訪米などの反対運動を撮影に行きました。その時、学生、労働者などの若者が大勢参加していました。

しかし、二〇一三年のオスプレイ配備、二〇一五年初めの辺野古新基地建設などの反対集会に若者の姿の数は少なく淋しく感じました。それが今では、国会周辺をはじめ全国日々、若者たちの安保法案反対の声が高まって来ることに心強さを感じました。この勢いを辺野古基地反対にも結びつけてほしいと願っています。

戦中戦後を体験した私たちの年代は、憲法九条にかかわらず「戦争はいやだ、再び起こってはならない」と誰もが心から思いました。戦後七〇年、日本人から日本の戦争の記憶は遠くなりました。特に、今の政府の人は、戦争の実態を知りません。だからこそ安保法案を強引に通したのです。アメリカの侵略によって二〇〇万人の民間人が犠牲になったベトナム戦争のことを知ってほしいと思います。安保法制廃止、辺野古新基地建設阻止のために、私なりに活動をしていきます。（二〇一五年九月）

2　安保法制は死者を出す

人間はいちばん賢く、愚か

本日（二〇一五年七月二七日）から集団的自衛権を可能にする安全保障関連法案が参院本会議で審議入りしました。

政府は衆院で強行採決を図ったように参議院でも同じ行動をとることは十分に考えられます。そうすると法案は実行されることになる。恐ろしいことだと思います。

私は人間は動物の中でいちばん賢く、いちばん愚かだと思っています。このことを痛切に感じたのは、一九九四年、アフリカのケニアの自然国立公園内で鹿に似たインパラをみている時でした。数日前にボスニア・ヘルツェゴビナの首都サラエボの市場で二六三人が死傷するという爆発事件を撮影しました。

人の集まるところを攻撃すれば効果的に多くの人を殺傷することができます。ライオンはインパラを襲うけれども、生きていくための食料として一頭しか殺さない。残酷どころか人間と比較すると優しい心と思いました。

人間はできるだけたくさん殺そうと、機関銃、大砲、戦車、爆撃機、爆弾などの武器を「賢い頭脳」で発明してきました。そして原爆を投下して大量殺人を犯し、今なお核兵器を保有しています。日本国内の基地では、米軍と自衛隊が人殺しの練習をしているのです。このことを多くの人が許してきました。

戦場で人が殺される様子をたくさん見てきた私には信じられない気持ちです。いざとなったら相手を殺す兵士のいる軍隊を、日本政府は抑止力といっています。自国を守るためには相手を殺しても許せるのだということです。

私が戦場で感じたこと

私が戦場で感じたことは、大砲を撃ち爆弾を落とす兵士は、そこで死傷する人間の人格を全く考えないということでした。死傷する一人一人に親、子、兄弟、友人、知人、妻、夫がいます。

例えば私が見たベトナムの農村。米軍の爆撃、砲弾、銃撃で村が燃え上がっていました。そこには子ども、親、老人、大勢の人がいます。子どもは学校へ行き、勉強し、友だちと遊び、家では、親の愛を受け、弟、姉と食事を共にし、夢を持って生きていく子どもの人権を持っています。

大人の戦争は子どもの人権を奪います。大人の戦争によって子どもが苦しむことは過去、現在、未来の戦争の共通性です。アジア・太平洋戦争の敗戦で、私たちの年代の人たちはもう戦争はいやだ、憲法九条にかかわらず軍隊はいらない、武器もいらないという気持ちになりました。

強く感じた反戦・平和への願い

だから一九六〇年の安保条約改定の時は、日米軍事同盟が強化されることに大勢の日本人が反対しデモに参加しました。私も、デモを取材しながらその人々の姿に感動しました。

一九六八年一月、たまたまベトナムから一時帰国していた私は、米原子力空母「エンタープライズ」佐世保基地入港阻止闘争を現地で取材し、日本人の戦争反対・平和への願いを強く感じました。

多くの反対があったにもかかわらず、政府は安保条約を批准しました。「エンタープライズ」の入港も認めました。沖縄の辺野古新基地建設反対ほか政府が民意を無視したことはたくさんあります。

安倍政権は、「日本を取り巻く環境が変化したから安保関連法案が必要」と言います。多くの法律専門家が集団的自衛権は違憲と言っているのに政府は正しいと言っています。それでは違憲を唱える憲法学者を政府はどう評価するのか。その学者に学ぶ学生にどう説明するのか。

後方支援、兵站活動は戦闘行為

こうしたアメリカ追従の日本政府の姿勢が、世界から、「民主主義を守らない国」と信用を落とす結果になっていることを政府は気づかないのでしょうか。安保法制が実行されれば、自衛隊員に確実に死傷者が生じます。安保法制は「後方支援」と称して軍事作戦中の外国軍部隊に向けての武器・弾薬・食料などの補給活動を可能にしますが、こうした補給活動は戦闘活動と同じですから。

一九六五年、ベトナム戦争中、私は兵站《へいたん》部隊と行動を共にしましたが、先頭のトラックが地雷に触れてトラックが水田に落ちて炎上し兵士が負傷した様子を撮影しています。相手が補給を阻止しようとするのは当然の戦闘行為です。

アフガニスタンで道路を補修し橋を直していたドイツ軍。2002年

二〇〇二年、アフガニスタンで後方支援をしている、ドイツ、トルコ、スペインの部隊を撮影しました。ドイツ軍は橋を修理していました。ドイツ軍は五五人の死者を出しています。米軍主導の戦争の支援活動をしていた部隊は敵とみなされたのです。

後方支援活動、兵站活動が危険でないと考えるのは戦争を知らない人たちです。

（二〇一五年七月）

3　谷口さんの平和の誓い

一瞬のうちに奪われた一四万人の命

八月六日広島、九日長崎の原爆犠牲者慰霊式典を、毎年、テレビで見るようにしています。核兵器の恐ろしさをあらためて感じ、犠牲になった人々の無念の気持ちを想像しようと思うからです。二〇一五年の式典もテレビで見ました。

テレビは広島の風景を写していました。いつもあの廃墟からよくぞここまで復興したという気持ちになります。前に何度か広島へ行きましたが、私は平和記念公園に夾竹桃《きょうちくとう》の花が咲く広島の夏が好きです。

原爆が投下された八時一五分、涼しいうちにと蝉《せみ》をとり、川で小魚を追っていた子どもたちがいたでしょう。戦場へ行っている兵士に代わって労働をしていた女学生もいました。一瞬のうちに一四万人の命が奪われました。

敗戦が見えているのに本土決戦を叫んでいた日本軍司令部や原爆を投下したアメリカに対し、怒りが湧いてきます。

子どもの言葉重く、安倍挨拶は空しく

市内の五日市高校放送部の生徒たちが、被爆者の体験からの聞き取り調査をしている様子が紹介されていました。若者が戦争の実態を知ることは大切と思いました。

毎年、小学生の「平和への誓い」を聞きます。この年は市内の小学六年生、細川友花《ゆか》さん、桑原悠《ゆう》露《ろ》君でした。「昨年の土砂災害で仲間が亡くなり一緒に過ごしたともだちが突然いなくなる悲しみを知りました。原爆でたくさんの命が奪われました。残された人の悲しみが想像できます。私たちは祖父母から受け継いだ大切な命と平和の思いを受け止め、被爆者の平和への願いを未来へつないで行くことを誓います」と二人は朗読しました。

その後の安倍首相の言葉は全て空しく聴こえました。

「もう二度と作らないでわたしたちを」

九日、撮影で島根市に来ていたので、長崎の式典は戻ってからビデオで見ました。長崎でもその年のうちに七万人が死亡しています。この数字は慰霊祭のたびに耳にしますが、毎年、新たに心に刻みます。広島、長崎で体や心に傷を負って生き残った人々も戦後七〇年、生存者は少なくなってきました。

五九人の被爆体験者が、「もう二度と作らないでわたしたち被爆者を」と合唱しました。この人た

ちは「生き残ったから私たちはいろいろな人生を体験できた」と犠牲者の無念な気持ちがよくわかるのでしょう。

「戦時中へ逆戻り」と谷口さんの怒りの言葉

被爆者代表・谷口稜曄《すみてる》さん（86）の「平和の誓い」から、残酷な原爆の状況が身に迫るように伝わってきました。左手を曲げて歩く様子を見て原爆の影響かと思っていると、「一六歳の時、爆心地から一・八キロのところを自転車で走っている時に背後が光り、強烈な爆風で吹き飛ばされ左手は肩から手の先までボロ布のように皮膚が垂れ下がっていた」と証言しました。「真黒く焼け焦げた死体。倒れた建物の下から助けを求める声、肉はちぎれ、ぶらさがり腸が露出している人。かぼちゃのように膨れあがった顔。目が飛び出している人。水を求め浦上川で命絶えた人々の群れ。地獄でした」と体験者として生々しく伝えました。

私は悲惨な状況が伝わらないと戦争は理解できないと思っています。ベトナム戦争の写真展をする時、主催者から残酷な写真は外して下さいと言われる時がありますが、戦争は残酷なものなのです。

谷口さんは、「今、集団的自衛権の行使を押しつけ、憲法改正を推し進め、戦時中の時代に逆戻りしようとしています。戦争につながる安保法案は被爆者をはじめ平和を願う多くの人が積み上げてきた核兵器廃絶の運動、思いを根底から覆すもので、許すことは出来ません」と、安倍首相を前にしてハッキリと訴えました。その言葉を聞いている安倍首相の表情が写されました。魅力のない顔と思いました。

長崎の爆心地から近い山王神社の樹齢五〇〇年だったクスノキは、焼けたけれど被爆二ヵ月後に芽を出したそうです。今では葉をいっぱいに広げている「被爆クスノキ」を見に行きたいと思いました。

(二〇一五年八月)

4 自衛隊員の血を流してはいけない

戦争の悲劇を知らない人が集団的自衛権を話し合う恐さ

二〇一四年三月二六日の新聞に、安倍晋三首相が唱えている集団的自衛権の行使容認について、自民党内で話し合う協議機関を設定したという記事が掲載されていました。石破茂幹事長、額賀福志郎、小池百合子、浜田靖一、中谷元の名があります。防衛大臣を経験した人たちです。

そのほかの人もいますが、皆、戦後生まれ。戦中、戦後のものすごい食料・物資不足を経験し、沖縄で生まれベトナムほかの戦争を見た私には、戦争の悲劇を知らない人たちばかりで恐ろしいことを相談するのだなと思いました。

侵略された国の人々の視点が欠ける

安倍政権の辺野古新基地建設推進、オスプレイ強行配備、秘密保護法決定、武器輸出三原則見直し、

カンボジアの自衛隊員。ＰＫＯで派遣され道路の補修をしていたが、銃には実弾が入っている

「慰安婦」問題に関する河野洋平談話の見直し、竹富島の教科書採択是正要求、教科書改革など日本の戦争の反省が感じられないようなことばかりが進められています。そのうえに安倍首相の靖国神社参拝もありました。

どうしてこのようなことが起こるのか。私には戦争の実態を知らないからとしか考えられません。その原因の一つは、日本は国として戦争の総括をしていないので学校教育の中で戦争が反映されず、戦争がわからないまま成長し政治家になったからと思っています。だから安倍首相は、侵略の定義は歴史家が決めるものといった発言をするのです。日本が大軍を中国、フィリピンそのほかの国へ派遣したことは歴代政府の人も知っているはずです。武力を背景にして自分の国に都合のいい国をつくろうとするのは侵略です。

侵略された国の民間の人々に視点を置かないと「慰安婦」の立場もわからないし、朝鮮という国を近代化させたという言葉が政治家から出てきます。

安倍政権の歴史認識が世界から問われて、韓国に対しても慌てて河野談話を引き継ぐとしましたが、「慰安婦」の痛みが本当にわかっているのか疑問です。

海外派兵は九条で阻止されてきた

集団的自衛権というのは同盟国が武力攻撃を受けた場合、自国が攻撃されていなくとも同盟国のために軍事力を使うということです。

日本は敗戦後、憲法第九条を制定しました。私は、自衛隊は第九条に違反していると思っていますが、日本が攻撃された場合、最小限の反撃は可能、いわゆる「専守防衛」ということで日本は自衛隊の存在を認めました。しかし、ほかの国へ行って攻撃することは認められずにきたのです。

ベトナム戦争ではアメリカの同盟国として韓国、オーストラリア、ニュージーランド、フィリピン、タイが兵士を派遣しました。特に韓国は常時、五万人以上の兵士が農村で作戦を続けていて私も同行取材したことがあります。韓国軍は、のべ約三二万の兵士を派遣し、五〇〇〇人以上の兵士が命を失っています。

日本はアメリカ軍の後方基地としてベトナム戦争を支援しましたが、憲法九条によって自衛隊は派遣できませんでした。アメリカはイラク戦争で自衛隊の参加を要請しましたが、戦闘には参加せずに、「非武装地域」に限定して「人道復興支援」活動や「安全確保支援」活動などの支援部隊を送りました。当然、アメリカはそうした状況に不満を感じています。

安倍首相は、安保条約でアメリカは日本を防衛しているのだから日本もアメリカの危機を助けなければ同盟国としての関係を深めることはできないと言っています。「日本へ飛んでくるミサイルは撃ち落とすがアメリカへ向かうミサイルは見逃していいのか、今の憲法ではアメリカ兵が日本のために血を流しても自衛隊員が戦うことはできない。同盟国が攻撃されているときの武力使用は国連憲章でも認められているのだから第九条を『解釈改憲』しよう」というのが安倍政権の集団的自衛権行使容認の論理です。

集団的自衛権の行使が決まると、今度はベトナムやイラク・アフガニスタンのようなアメリカの戦争で自衛隊が戦闘に参加することが考えられます。アメリカの戦争で日本の若者が傷つくのはかわいそうです。現地の兵士や民間人も犠牲にさせたくありません。戦場を見てきたカメラマンとして集団的自衛権の行使には断固反対します。

（二〇一四年三月）

5　集団的自衛権で国民は救えない

安保法制は、集団的自衛権の行使を容認するという安倍内閣の閣議決定から発しています。その閣議決定を導いたのが、安倍晋三首相に依頼されて日本の防衛問題について調べていた「安全保障の法的基盤の再構築に関する懇談会」（安保法制懇）という難しい名のグループです。この安保法制懇が、二〇一四年五月一五日、集団的自衛権行使などに関する報告書を安倍首相に提出したのでした。

グループは、座長の柳井俊二元駐米大使を含め一四人の方々ですが、首相の考え方に反対する人は選ばれていないといわれていました。当時、私は、報告を受けての安倍首相の表明と報告書の全文を読みました。

ご存知のように日本国憲法第九条は軍事力を持たないとしています。したがって私は自衛隊の存在は憲法に違反していると思っていますが、政府の「憲法解釈」によって自衛隊が認められ、国民の大多数もそのことには異議をとなえていません。政府はこれまで、日本を守る個別的自衛権は認められるが、同盟国の他国との戦争に参加する集団的自衛権は認められないとしてきました。

美ら海。沖縄の中城湾。沖縄人の願いは基地のない平和な島

私はその個別的自衛権も認められないという立場ですが、一九九一年、政府はいろいろな「解釈」のもとに湾岸戦争におけるペルシャ湾の機雷除去に参加しました。

その後も自衛隊は、九二年カンボジア、九三年モザンビーク、九四年ルワンダ難民救援、二〇〇一年、インド洋の給油支援、二〇〇三年からのイラク復興支援などに派遣されています。後方支援といっても武器を携行しているので、私は憲法違反と考えています。

政府は自衛隊を国際貢献に参加させることが国益に結びつくと考えています。しかし私は、紛争の場であっても自衛隊の派遣でなく、民間レベルで支援できる方法はあると考えています。

自衛隊が憲法違反でないとする政府の「解釈」は、これまでも何回か耳にしてきましたが、二〇一四年の安保法制懇の「解釈」を読み、何が平和をもたらすかという「解釈」が人によって異なることをあらためて知りました。

都合のよい解釈で

安保法制懇は、憲法の前文に「全世界の国民が平和のうちに生きていく権利を持つ」、また第一三条に「すべて国民は、個人として尊重される。自由及び幸福追求に対する国民の権利については、公共の福祉に反しない限り、立法その他国政の上で最大の尊重を必要とする」とあり、国の平和と国民の安全を守るための必要な自衛権をとることまでは禁じていないと「解釈」しています。その解釈は、「他の信頼できる国家と連携し、助け合うことによって、よりよく安全を守ることができる。信頼できる国との関係を強くし、抑止力を高めることによって紛争の可能性を未然に減らす。個別的自衛権だけで安全を守ろうとすれば、巨大な軍事力を持たなければならず大規模な軍拡競争になる可能性がある。したがって集団的自衛権は軍備のレベルを低く抑えることができる」という主張に結びついています。

報告書は大変長いのですが、全て集団的自衛権は必要という都合のよい解釈です。この報告書をもとに、安倍首相が政府の「基本的方向性」を表明しました。その一部を紹介すると、次のような中身です。

「海外に住む日本人は一五〇万人。さらに年間一八〇万人が海外へ行く。どこかの国で紛争が起きて米軍が日本人救助、輸送している時、日本近海で攻撃を受けた場合でも、今の憲法では米国船を自衛隊が守ることはできない。いかなる事態にも対応できるよう各国と協力を深めていかなければならない。それによって抑止力が高まり国民を守ることができる」。

これについては、「紛争国から逃れようとしているお父さんやお母さんやおじいさんやおばあさん、子どもたちかもしれない。彼らが乗っている米国の船を今、私たちは守ることができない」、と「わかりやすい」表現で強調したことを記憶している方も多いでしょう。

私には、辺野古に巨大な基地が建設された沖縄が標的になって、安倍首相のいう、おじいさんやおばあさん、子どもたちがあの沖縄戦の時のように砲弾の下を逃げまどう姿が想像されます。

安保法制懇の報告と、安倍首相の表明から次の二点を感じます。①軍事力で防ごうということばかりで平和的な解決方法が全く示されていない。②米国との集団的自衛権行使によって沖縄の基地が攻撃目標となり、その結果、沖縄だけでなく日本がどのような災難を受けるか考えられていない。

安倍首相ほかの人々は、軍事力を強化することが国民を助けることになると信じているので、戦争を取材し軍隊は抑止力にならないことを見ている私からは、彼らはひどい思い違いをしていると感じられます。

（二〇一四年五月）

6　国益にかなわない安倍政策

二〇一五年一月二〇日、民間軍事経営者湯川遥菜さん（42）と、ジャーナリスト後藤健二さん（47）がオレンジ色の服でひざまずきナイフを片手にした黒服の男が立っている映像がテレビに映し出されました。

イスラエルと日本

二〇一二年から一三年にかけてアメリカ人とイギリス人のジャーナリスト、人道支援の五人が、同じような映像を映された後に殺害されました。黒服の男は「日本はイスラムと戦う国に二億ドルの支援をした。二人の日本人を助けたければ二億ドルを払え。さもなければ殺害する」と警告しました。

安倍晋三首相は二〇一五年一月一六日から中東歴訪に出て、カイロで「ＩＳＩＬ（イスラム国、ＩＳ）とたたかう周辺各国に総額で二億ドル支援する」と表明していました。一九日にはイスラエルで「イスラエルの真の友人として関係強化に努める」と発表しネタニヤフ首相と握手を交わしました。日本人拘束の報を受けた安倍首相はイスラエルの旗を背にして「テロに屈することはない」と断言し、イスラエルとの軍事同盟強化を感じさせました。日本の次期主力戦闘機となるＦ35は国際協力開発ですが、日本で生産する部品をイスラエルに輸出する契約を交わしています。また、イスラエルによるパレスチナ・ガザ攻撃に対する国連の非難決議も日本は棄権しています。

ＩＳは、日本人を拘束した理由として「日本は十字軍の軍事行動に加わった」ことを挙げました。

十字軍とは、中世にイスラム勢力下にあったエルサレムをローマ法王が聖地奪還を目的に派遣した遠征軍のことです。イスラム教徒にとって十字軍は異教徒・侵略軍であり、十字軍との戦いを聖戦（ジハード）と呼びました。今、ＩＳとの戦闘に参加している有志連合は、ＩＳからは十字軍と同一視されています。有志連合参加国は爆撃、人道支援など日本も含め約六〇ヵ国といわれています。安倍首相は「テロリストを絶対許さない。その罪を償わせるため国際社会と連携していく」とＩＳを批判しましたが、この国際社会とは有志連合国です。

米軍の爆撃で破壊されたアフガニスタンの首都カブールの住宅街。2002年２月

テロは絶対に許せない

大変残念ながら二〇一五年一月二四日に湯川さん、二月一日に後藤さん殺害の映像が出されました。私は、テロは絶対に許せないと思っています。多くの民間人を犠牲にするからです。同時に、爆撃は最大のテロと考えています。多くの民

間人を殺害します。

ベトナム戦争で米軍の爆撃によって大勢の民間人が死傷し、国土が破壊されている現場を目撃しました。

二〇〇二年、アフガニスタンを取材した時、イスラム教徒の人々は日本に対して友好的と思いました。アフガニスタンの首都カブールから陸路でパキスタンへ行きたいと思い自動車のドライバーと案内人に相談したところ一緒に行ってくれると言いました。途中に危険な場所があるが反政府勢力に捕らえられても日本人と一緒であれば大丈夫とのことでした。イスラム教の人々からは、一九七三年の二階堂進官房長官によるイスラエルの占領地に対する批判、鈴木善幸首相とアラファト議長との会談などが好意的に受け止められています。日本は原爆被害国でありながら戦後に経済発展したと評価されていました。

しかし、一抹の不安もありました。前年アメリカで起こった同時多発テロ後、アメリカがアフガニスタンを爆撃、地上部隊を派遣していたからです。小泉純一郎首相はアメリカの「テロとの戦い」を支持し、アフガニスタン攻撃には沖縄の基地も利用されていました。捕らわれた場合、こうしたことが危害を加えられる理由になるかもしれません。しかし、無事にパキスタンへ着くことができました。

翌二〇〇三年、アメリカのイラク爆撃を、小泉首相は「アメリカとの同盟強化が国益に結びつく」といち早く爆撃支持表明を出しました。アメリカを主力とした連合軍がイラクに侵攻し、イラク戦争を支持した日本を含む四四ヵ国は「有志連合」と呼ばれました。日本は自衛隊を後方支援としてサマワに派遣しました。

安倍政権の集団的自衛権、辺野古新基地建設など、日本のアメリカ支持政策もイスラム圏での、日本に対するイメージを変えていると思います。

イスラム圏には日本企業で仕事をする人、ＮＧＯで人道支援に努めている人など大勢の日本人がいます。こうした人たちは現地の人々と友好関係を築いています。安倍政権の韓国・中国における外交悪化やＩＳの警告は現地で生活する日本人に不安を与え国益を損じています。（二〇一五年二月）

7 「秘密文書」はどこにあるのか

秘密文書の公開を求める判決が

一九七二年の沖縄返還の時に日米政府の間で交わされたとされる「密約」の文書を、国に対して公開するようジャーナリストなど二五人が起こした訴訟の判決が二〇一〇年四月九日にありました。東京地裁の杉原則彦裁判長は、日米間に密約があったことを認め、国に関連文書を公開するよう命じました。

この判決に対し岡田克也外相は、「調査はしたが外務省に文書はない」と言っています。

公開を求めたのは、①アメリカ軍が基地としていた土地を元の畑や宅地などに戻すためにアメリカが払わなければならない四〇〇万ドルの費用を日本政府が肩代わりするとした文書、②沖縄にあった

沖縄上空の米兵は何を思っているのだろう。米軍のヘリコプターから私の故郷を見下ろすと美しい海と巨大な基地が見えた

アメリカ短波放送中継局を日本以外の国に移す費用一六〇〇万ドルを日本が負担するとした文書、③終戦後、アメリカが沖縄の道路港湾建設などに使ったとして日本政府はアメリカに三億二〇〇〇万ドルを払ったが、それ以外に二億ドルを払うとした秘密文書、とそれらに付随する計七種類の文書です。

ウソを言い続けた歴代内閣

一九七二年に、①の密約について記事を書いた元毎日新聞記者西山太吉さんや作家の澤地久枝さんたちが、二〇〇八年にこれらの文書の公開を求めましたが、外務省は文書は存在しないと主張したので二〇〇九年、裁判に訴えました。今回、裁判所は、文書はあるはずだから国は探して公開しなさい、と判決を下したのです。

将来を築くためにも文書公開が必要

実はこの文書は、すでにアメリカの国立公文書館で琉球大学の我部《がべ》政明教授が発掘してそのコピーもあるのです。でも外務省は「あったけど見つからない」ではなく、「そのような文書は初めからない」といっています。

一九七二年の佐藤栄作首相から民主党政権になる直前の麻生太郎首相まで、歴代首相はこの密約文書はないと言い続けてきましたが、今では多くの国民が政府はウソをついていたと思っています。アメリカの公文書館にある文書がどうして日本の外務省にはないのか。東京地裁は、外務省の探し方が足りないのではないか、本当に見つからないのであれば組織的に役所の高官が関係して処分してしまったのではないかと見ています。

もし、廃棄処分していたとしたら、どうしてでしょう。歴代首相が密約文書は存在しないといってきたのに、文書があっては具合悪いと考えたのかもしれません。

そうだとすれば自分たちの立場を守ることだけしか考えない情けない行動です。私たちは歴史を正しく見つめ将来を築いていかなければならないのに、その資料が得られなくなるからです。

日本の戦争が終わった時、世界から戦争犯罪追及の資料となることを恐れて、陸軍省、海軍省、文部省そのほかの役所は戦争に関する書類を処分しました。書類を焼く煙があちこちから東京の空に立ち上っていたそうです。毎日新聞社を除く各新聞社も、戦争に関する写真のネガを処分しました。戦争では多くのことが秘密にされ戦争の実態を知らないまま多数の国民が犠牲となりました。「戦争を防ぐために戦争の実態を知ることが大切」と私は考えていますが、日本の戦争を知る上での貴重な資料が失われたことは大変残念と思っています。

密約は安保条約締結時にもあった

日米間の密約は、沖縄返還時のほかにも三つありました。一九六〇年の安保条約の時、①核を積んだアメリカの艦船が日本を通過、寄港した時、事前協議の対象にしない、②朝鮮半島で戦争が起こった場合、在日アメリカ軍の出撃なども「事前協議」としない、③一九六九年日米首脳会談。緊急事態が起こった場合、沖縄に核兵器を持ち込む——です。

これらのことは国民に知らされませんでした。二〇一〇年三月九日、岡田外相は密約に関する外務省の調査結果を発表しましたが、朝鮮半島問題など「密約」に関するいくつかの重要書類は発見されていません。

（二〇一〇年四月）

8　戦争を考える八月

八月になると日本では一気に戦争の記憶が動き出します。新聞、テレビで戦争に関する企画が目立つようになります。

六日、広島、九日、長崎の記念式典はテレビかビデオで必ず見て、中継放送では一緒に黙禱《もくとう》をするようにしています。その間に当時、原爆によって殺された人々、特に子どもや若者、女学生たちの無念の気持ちが想像できるからです。

1980年、カンボジア・プノンペンの子どもたち。この前年、ポル・ポト派により市民が農村に強制移住させられ無人のプノンペンを見た

二〇一四年八月六日は、雨の降るなかで式典が行われました。子ども代表、牛田小六年生、田村怜子さん、長尾小六年生、牟田悠一郎君の「平和への誓い」の中で、「広島に育つわたしたちは、広島の被害、悲しみ、そして強さを学びました。爆風により、多くの建物がくずれました。家や家族を失い、普通の生活がなくなりました」「当たり前であることが、平和なのだと気がつきました」「平和の思いを込めて、毎年千羽鶴を折り、慰霊碑にささげています」と言っています。

原発事故、津波、土砂崩れ、水害、火災、地震などによって今まで何気なく過ごしていた生活が、突然失われてしまう。私たちはその被害を伝える報道をこれまで何度も目にしてきました。

戦争、原爆は多くの人々から普通の生活を奪ってしまったのです。

松井一実広島市長の平和宣言。被爆して、顔は焼けただれ、大きく腫れ上がり、制服は熱線でぼろぼろとなった下級生が「水を下さい」と瀕死《ひんし》の声で言った。「重傷者に水をやると死ぬぞ」と大人が言った。「耳をふさぐ思いで水を飲ませなかった。死ぬとわかっていたら存分に飲ませてあげられたのに」と当時一五歳だった生徒の声を紹介しています。

被爆者の求めと安倍首相の言葉

六日に行われた「被爆者代表から要望を聞く会」で、広島被爆者団体連絡会議の吉岡幸雄事務局長が安倍晋三首相に、集団的自衛権の行使容認は平和公園の慰霊碑に刻まれた「安らかに眠ってください。過ちは繰り返しませぬから」という誓いを破ることになる、と閣議決定の撤回を強く求めました。それに対し、「決定は国民の命と平和な暮らしを守るため」と言う安倍首相の表情から、本当に広島の悲劇がわかっているのだろうかと思いました。

九日、長崎の式典をテレビで見ました。爆心地から約六〇〇メートル離れた山里小学校の児童一五八一人のうち八割以上が犠牲になったということです。その後輩となる現在の生徒たちが体育館で慰霊の花を捧げていました。

式典会場で、今年は被爆者によるうたう会「ひまわり」の六〇人が合唱をしました。結成して一〇年になるということです。その一人、田川千枝子さんは一二歳の時に被爆して今年は八一歳。

聞こえていますか　被爆者の声が
あなたの耳に　聞こえていますか
もう二度と作らないで
わたしたち被爆者を
あの青い空さえ　悲しみの色

覚えていますか　ヒロシマ・ナガサキ
いのちも愛も　燃え尽きたことを
もう二度と作らないで
わたしたち被爆者を
あの忌まわしい日を　繰り返さないで

メンバーの人たちも全員が七〇歳を超えています。歌っている一人ひとりの表情から「命《ぬち》どぅ宝」を感じました。生き残ることができたのでいろいろな人生を体験できたと思います。「よかったね」と言ってあげたいです。命を奪われた人たちに代わって戦争を進めた人、これから戦争をする国にしようとしている政治家に怒りをぶつけなければいけないと思いました。

「**戦争が戦争をよびます**」

田上富久市長は、平和宣言で日本国憲法にこめられた「戦争をしない」という誓いは、被爆国日本の原点であるとともに、被爆地長崎の原点でもあります、と暗に集団的自衛権行使の決定を批判しました。

被爆者代表の城田美弥子さん(75)は「平和への誓い」で「家にいる時、お隣のトミちゃんに『みやちゃーん、あそぼー』と呼びかけられました。その瞬間、空がキラッと光りました。その後、何が起こったか覚えていません。しばらくたって床の下から助け出されました」「生後六ヵ月の孫娘が亡くなったのは自分が被爆したせいではないかと思い続けています」「今、進められている集団的自衛権行使容認は日本国憲法を踏みにじる暴挙です。いったん戦争が始まると戦争が戦争を呼びます」

首相のあいさつが空しく聞こえたのは毎年のことです。

(二〇一四年八月)

第3章　国際紛争は軍事力では解決できない

1　武力によって平和はかちとれない

戦争も自然災害も尊い生命を奪う

二〇〇八年の一二月二七日、イスラエルがパレスチナ自治区ガザに対し大規模な爆撃を行いました。

この時私は、アメリカ軍による二〇〇一年一〇月八日のアフガニスタン爆撃、二〇〇三年三月一九日のイラク爆撃を思い浮かべ、また大勢の民間人が犠牲になると思いました。二〇〇九年一月一七日の報道では、イスラエル軍の攻撃によるガザ地区パレスチナ人の九七六名の死者のうち、民間人が六七三名、そのなかに二二五名の子どもが含まれているとのことでした。

その二〇〇九年一月一七日は、阪神・淡路大震災一四周年の記念日。テレビで地震が発生した午前五時四六分に黙禱《もくとう》の合図があったので、私も手を合わせて地震で亡くなった人を慰霊しました。地震による死者は六四三四人、その中には多くの可能性をもった子ども、夢を持って勉学に励んでいた学生、結婚を目前に控えた若者などもいました。

私が地震の二日後に現地に入った時は、まだ長田地区は燃えていて被災者と共に、蓮池小学校で仮眠しました。その時、一九六八年、サイゴン（現ホー・チ・ミン市）の市街戦で破壊された市街や難民を思い出し、戦場と同じようだと感じました。

戦争も自然災害も尊い生命を奪います。しかし、想定外の強震、集中豪雨、噴火など自然災害は防げない場合がありますが、人が人を殺す戦争は平和的な外交によって防がねばならないと戦闘が起こるたびに残念に思います。

1972年６月、米軍に爆撃されたハノイの人口密集地の勤労者住宅

国益は国民の生命を守ること

なぜ、いつまでたっても戦争は終わらないのか。一番の原因は戦争を始める権力者たちが、戦争によって奪われる民間人の生命よりも「国益」を重要視するからと私は考えています。国を守ることが最重要という政府の考えに賛同する人は多いでしょう。しかし、最大の国益とは国民の生命を安全にすることと思っています。国益は領土保存、相手国に対する政治的影響力などいろいろあります。

例えば、日本では領土の問題として現在、日本と韓国が領土権を主張している日本海の竹島、中国と領有権問題が生じている東シナ海の尖閣諸島があります。いずれも生活には適しない小さな島ですが、お互いに歴史上、自国の島と考えているので、領土を主張することには国の威信がかかっていて、島の面積の大小にかかわらず重要な懸案となっています。

これまで世界で領土権争いで戦争になった例は多いのです。その場合、数メートルの国境を主張するために多数の死者が生じます。国や軍隊の首脳は、国民の生命より国の威信を優先していることを、これまでの戦争取材から感じてきました。

最優先すべきは民間人の生命では

二〇〇五年一月一六日の沖縄タイムスの朝刊一面トップに「南西諸島有事に陸自五万」という大きな見出しと共に、「防衛庁・侵略阻止へ対処方針」「中国警戒　特殊部隊も動員」「領有権の脅威顕著に」などの見出しが載っていました。二〇〇四年に中国の潜水艦が日本の領海内に出現したことなどもあり、南西諸島での有事に対する防衛庁の方針がまとめられた、という内容の記事でした。

尖閣諸島周辺の島が占領された場合、自衛隊は島の奪還にあたると記してありました。その島に沖縄の住民がいて島が戦場になった場合、沖縄戦のように住民の犠牲者が生じるだろうと私は思いました。奪われたら奪い返すという軍の論理には、常に住民に対する配慮が欠けています。

〇六年夏のレバノン攻撃も、〇八年一二月のパレスチナ自治区ガザへの攻撃も、イスラエルは自国の国民を守ると主張して、相手国の民間人を多数殺害しています。レバノンの武装勢力ヒズボラも、パレスチナの武装勢力ハマスも、イスラエルや自国の民間人を犠牲にしています。

パレスチナとイスラエルの対立はお互いに民間人の生命がどれほど尊いものかということを最優先して話し合わない限り解決の道はない、武力で相手国を屈服させることは絶対にできないと私は思っています（この時は、二〇〇九年一月一八日に停戦しました。パレスチナ人の死者は一三三〇名、死者のうち一六歳以下の子どもが四三七名と伝えられています）。

（二〇〇九年一月）

2　北朝鮮の民衆は平和を願っている

異様なひびき、ミサイル発射放送

「市役所からお知らせします。本日、北朝鮮から長距離弾道ミサイルの発射が予想されます。新しい情報が提供された場合、防災無線でお知らせします」。

二〇〇九年四月五日の一一時過ぎ頃、家の近くにある防災無線のスピーカーからこのような放送が流れてきました。私は、両側が山、以前は桑畑だった急斜面を宅地にした一五〇戸ぐらいの住居区に住んでいます。

住居区の中央に防災無線スピーカーがあり、豪雨のときの注意、防災訓練、お年寄りの行方不明者の捜索協力など、市や消防署、警察署からの連絡が放送されます。住居区は谷のようになっているせいか、スピーカーの音がなり響きます。こうした放送をうるさいと感じたことはなく、むしろ何か協力できることがあればと聞き耳をたてていました。

しかし、ミサイル発射放送は異様に感じました。

平壌市中央を流れる大同江でボートに乗り楽しむ若者(1985年)。親しみのある人たちだった

前日の四日も「北朝鮮から飛翔体が発射された」という放送があった後、発射は誤報だったという訂正がありました。五日、「発射後は落下物は注意するよう、もし落下物があったら近よらず、警察、消防署に連絡するように」という放送があり、「日本を通り過ぎた」、「海中に物体が落下した」などの放送が続きました。ＮＨＫ緊急放送のアナウンサーのせき込んだような口調も気になりました。

過剰すぎる日本政府の対応に疑問

私は核実験、テポドン発射、不審船、拉致《らち》問題など、北朝鮮がしたことに反対の気持ちでいます。そのような行為は平和を願う世界の人々の動きに反するものと思っています。

しかし、こうした北朝鮮の動きに対し、日本政府の反応は過剰すぎるとも思います。二〇〇九年のこの時、北朝鮮は

「人工衛星」を打ち上げると言っていました。このことに対し日本の政府は、「弾道ミサイル破壊措置命令」を発令、イージス艦を出動させ地対空誘導弾パトリオット3を各所に配置しました。

テレビや新聞の報道でそうした様子を見ている日本人の間に、これでは北朝鮮嫌いが増えるだろうと心配になりました。

パトリオットミサイルが配備されている岩手県の滝沢村ではサイレンが鳴り響き、秋田市勝平小学校のグラウンドで野球の練習をしていた児童と保護者たち五〇人が、近くの体育館に移動したそうです。

政府が大きく危険を訴えれば、皆が心配するのは当然です。でも、もう少し冷静にできなかったかと、政府の対応に疑問を感じました。私は自衛隊の存在そのものが憲法九条に違反していると思っているから、パトリオットもイージス艦も必要ないと思っています。しかし、高いお金を出してイージス艦やパトリオットを購入した自衛隊としては、こういう出来事をいい機会と考え、この二つの配備を国民にアピールしたいのだろうという意図を感じました。

北朝鮮政府と民間人を分けて考える

私は、北朝鮮とのいろいろな問題を解決するためには、制裁や軍事力の強化でなく、ねばり強い話し合い以外にないと思っています。ですが、話し合おうとしても北朝鮮が応じないのだと思っている人々も多いでしょう。それでも友好関係をつくりたいのだという気持ちを持って辛抱強く交渉することが重要と考えます。

私は朝鮮民主主義人民共和国（北朝鮮）政府の政策には疑問を感じていますが、それと一般民間人とを分けて考えています。一九八二年から二〇〇〇年まで六回、北朝鮮を撮影しました。政府要人に会ったことはありませんが、私が接した人々と話していると、国の平和、豊かな社会と家庭、健康を願う気持ちは私たちと同じだと思いました。

北朝鮮の人たちには日本の植民地支配に対するわだかまりと日本に存在する巨大なアメリカ軍基地や自衛隊の軍備強化への不安感もあると思います。

韓国と北朝鮮、中国は日本人にとって、距離、文化、交流の歴史でも、最も近い国です。北朝鮮に対する時、相手政府よりも、その国に私たちと同じ平和を願う民衆がいると考えることが大切と思います。お互いの理解を深め、自由に交流のできる日が早くくることを願ってやみません。

（二〇〇九年四月）

3　ソマリアには軍艦派遣より経済支援

護衛艦派遣では問題解決は図れない

二〇〇九年、海上自衛隊の護衛艦のソマリア沖派遣に関して、私は次の三点から反対をしました──①憲法九条に反している、②これまでのカンボジア、インド洋、イラクなどに続き海外派兵がなし崩し的に進められ、既成事実を積み重ねようとしている、③ソマリア海賊撲滅の根本的解決にならない。

インド洋からアデン湾に入り紅海とスエズ運河を抜けて地中海に抜ける航路は、アジアとヨーロッパを結ぶ最短距離として、一八六九年にスエズ運河が完成してから世界各国の多数の船舶に利用されています。この航路の出入り口となるソマリアとイエメンは要衝の地として第二次世界大戦終了までは、ヨーロッパ列強の支配下に置かれていました。

栄養失調のソマリアの子。難民キャンプは衛生状態も悪かった。1994年

首都市内は戦闘の傷跡が生々しく

一九九一年、ピースボートでの地球一周の旅では、インド洋から紅海と、現在海賊が出没している海域を航海したことがあります。ソマリアは一九九四年に取材しました。長期の内乱で政府は機能していなく、アメリカ海兵隊を中心とした五万人の国連軍が駐留していました。空港は鉄条網で囲まれアメリカ海兵隊の戦車が厳重に警備していました。空には武装ヘリコプターが飛び、地上では装甲車が走り回り、乾いた砂が舞い上がってすごいところへ来たなという第一印象を受けました。

首都モガディシオ市内まで乗った白タクにはＡＫ47自動小銃を持った護衛の青年が同乗したことにも驚きました。道路脇の建物は砲弾で破壊され壁には無数の銃弾の跡が残り、あちこちに黒こげとなった国連軍の装甲車が転がっていました。市内を回ると銃を持つ市民の多いことにまた驚きました。

世界大戦後の国の荒廃と無政府状態

ソマリアは第二次世界大戦まで北部はイタリア、南部はイギリスの支配下にありましたが、一九六〇年、南北が統一して独立しました。人口約八七〇万人のソマリアには多数の氏族や氏族から分かれた部族が存在し勢力争いをしています。

一九九一年マレハン族出身のバーレ大統領がブルユニス族ほかの武装勢力に追放された後、バーレ元大統領派、アブガル族のモハメド暫定大統領派、ハバギディル族のアイディード将軍派が主導権争いの戦闘を続け、モガディシオは廃墟同然となりました。冷戦時代、東西陣営がソマリアでの勢力を拡大するため各氏族・部族に武器支援をしたのでアメリカ製、社会主義国製の武器が国中に溢《あふ》れることになりました。無政府状態では外国との交流もできず超貧困国となりました。

ソマリアの経済は農業と畜産が中心でしたが、内戦で農場は荒廃し、旱魃《かんばつ》などで一九九二年には、一日一〇〇〇人の飢餓による死者が生じ、その数は三〇万人を超え、このままでは餓死は二〇〇万人に及ぶだろうと言われました。国連や各国のＮＧＯから送られた救援物資も武装勢力の略奪などで飢えた人々に届きませんでした。そのような状況の中で国連軍が送られましたが、九三年六月、パキスタン軍とアイディード派との戦闘でパキスタン兵七〇名以上が死傷。一〇月にはアメリカ兵九四名が死傷、アメリカ兵の死体が市内を引きずり回される映像がテレビで流されました。

モガディシオにある病院には栄養失調の子どもたちが横たわり、ボロ布とダンボールでつくられた難民キャンプには子どもが大勢いました。一九九四年三月、私がソマリアを離れた後、アメリカ軍、国連軍は撤退し、ソマリアの無政府状態が続きました。

救う手立ては護衛艦派遣でなく経済支援

その後、二〇〇五年に暫定政府ができましたが内乱は続き、二〇〇九年の二月に新政府が樹立されました。しかし、海賊行為が起こらないように行政支配が全土に及ぶ状況ではなく国の経済的自立のめども立っていません。海賊は許せない行為ですが、収入の道のない彼らは家族を養い、生きていくために必死です。海賊行為をやめさせるには彼らが食べていける基盤をつくることが重要です。農業国ですから灌漑工事を進める。地方の学校、病院を増やす。道路、井戸を整備する。生活必需品が流通するマーケットの充実を図る。武装勢力の兵士をやめた人が働くことのできる場をつくる。自立できるまでの生活支援も必要でしょう。ソマリアの人々が平和の中で生活できる状況をつくるのは大変な努力が必要と思います。しかし、国連と経済大国が協力すれば可能です。日本は護衛艦を送るのでなく各国と手を結んでこうした事業に取り組むべきだと思います。

（二〇〇九年五月）

4　核廃絶を訴える「原爆の日」

毎年八月、広島と長崎の平和記念式典をテレビで必ず見るようにしているのは、一瞬のうちに命を奪われた人々、後遺症に苦しんでいる人々と、せめてこの時間だけでも気持ちを共にしたいと思うからです。二〇〇九年も六四年前と同じように八月六日はよく晴れていました。

原爆投下された八時一五分、私も黙禱《もくとう》をしました。

核廃絶、秋葉市長は「ウイ・キャン」

オバマ大統領は、この年の四月にチェコのプラハで「アメリカは核兵器を使用したことのある唯一の核保有国として道義的責任がある。アメリカは核兵器をなくし、世界の平和と安全を追求することを、確信を持って宣言する」と演説しました。それまで原爆の使用は正当と論じ、広島、長崎の平和式典に代表を派遣していないアメリカとしては画期的な大統領発言として日本も歓迎しました。

秋葉忠利広島市長は、平和宣言の中でオバマ発言を支持し、二〇二〇年までに核兵器の廃絶が実現できるよう世界に呼びかけると述べました。核兵器は絶対に廃絶できる、「ウイ・キャン」と英語で世界に呼びかけた言葉には説得力がありました。

2016年５月27日、オバマ大統領が広島を訪問。謝罪はなかったが犠牲者に哀悼の意を表した

戦争は「子どもがいちばんの犠牲者」に

そして広島市内小学校六年生の遠山ゆきさん、矢野哲也君が平和への誓いを読み上げましたが、素晴らしい言葉で感動しました。

その一部を紹介します。

「新しい命が未来をつくります」「命は一度失われると二度と戻りません」「戦争は一度に多くの命を奪い、そして命のつながりを絶ち切ります」「大やけどを負った人たちの皮膚がボロ布のようにさがり、助けて下さい、水を下さい、と死んでいき、人間らしい最後を迎えることができませんでした」「今でも戦争や暴力で命が奪われています」「戦争では子どもがいちばんの犠牲者です」「生き残った家族は心の傷を負っています」「今も原爆症で苦しんでいる人がいます」「私たちにできることは、原爆や戦争の歴史について学ぶこと」「けんかやいじめを見逃さないこと」「原爆のことを絵や音楽、いろいろな国の言葉で世界に伝えることです」

そして最後に、「原爆や戦争から目をそむけることなく、しっかりと真実を見つめます」と言葉を結びました。

私が戦場で感じていたことが二人の言葉の中にたくさんありました。「命のつながりを絶つ」。もし私の母が沖縄戦で死んでいたら、私もこの世で生活できず、私の息子も生まれませんでした。命はその人だけのものでなく次の世代をもつくります。

「人間らしい最後を迎えることができなかった」。家族に見守られることなく死んでいき、遺体は人間の姿をとどめないほど黒こげとなる。戦争は命と共に人間の尊厳も奪っているのです。

「子どもがいちばんの犠牲者」。その通りだと思います。現在のイラク、アフガニスタンでも多くの子どもの命が失われています。

戦争の悲しみと悲劇をくり返さないとの気持ちを表した小学生の言葉に対し、挨拶文を読んでいるような麻生首相（当時）の演説は空しく聞こえました。

苦しみ、悲しみを絶つのは核廃絶

二〇〇九年八月九日の長崎で行われた原爆犠牲者慰霊祈念式典では、被爆者代表の奥村アヤ子さん（72）の話は原爆の恐怖を伝える力がありました。奥村さん一家の人は爆心地から五〇〇メートル離れたところに住んでいたそうです。一瞬のうちに親、兄弟が命を奪われ全身やけどを負った弟と八歳のアヤ子さんが生き残りました。お母さんが生きていれば、痛いと泣いている弟を励まし、弟も母に甘えることもできたかもしれません。しかし弟さんは親に見守られることもなく死んでいきました。

アヤ子さんも大やけどの傷が残り、髪が抜け、歯ぐきから出血するなどの後遺症が残っています。ほかにも両親や兄弟を失って生きてきた人。戦後、数十年たっても原爆症に苦しんでいる人たちを見てきたアヤ子さんは、「このような苦しみ、悲しみをほかの人々に遭わせたくない。核兵器はいらないのです」と訴えていました。

世界の人々が核の廃絶を願っている流れの中、七日の記者会見で「北朝鮮の核の恐怖に対抗するためにはアメリカの核の傘が必要」との麻生首相の発言に、長崎の被爆者の間から強い反発の声が上がりました。

爆心地から五〇〇メートル離れ、一四〇〇名の児童、教職員が犠牲となった城山小学校の後輩たちが合唱する「子らのみ魂よ」が心にしみ込んできました。

（二〇〇九年八月）

5　子ども目線で平和を考える

中国で拡がる反日デモと領海侵犯問題

二〇一二年九月一一日、野田佳彦首相（当時）が尖閣諸島の国有化を発表してから中国の反発が激しくなりました。一五日、一六日、一八日、中国各都市で大規模な反日デモが起こり、日本大使館、領事館、デパート、工場などが投石、破壊、焼打ち、略奪などを受けました。

一八日、上海では約一万七〇〇〇人、北京、広州でそれぞれ一万人など一二五都市で多数の人がデモ隊に参加したそうです。一四日には中国の海洋監視船六隻が尖閣諸島の日本領海に入り、領海侵犯が続きました。

日本は各地の海上保安庁の巡視船を尖閣諸島周域に集めて警戒していますが、巡視船の警告に対し中国の監視船も「釣魚島（尖閣諸島）は中国領土」と答えているそうです。

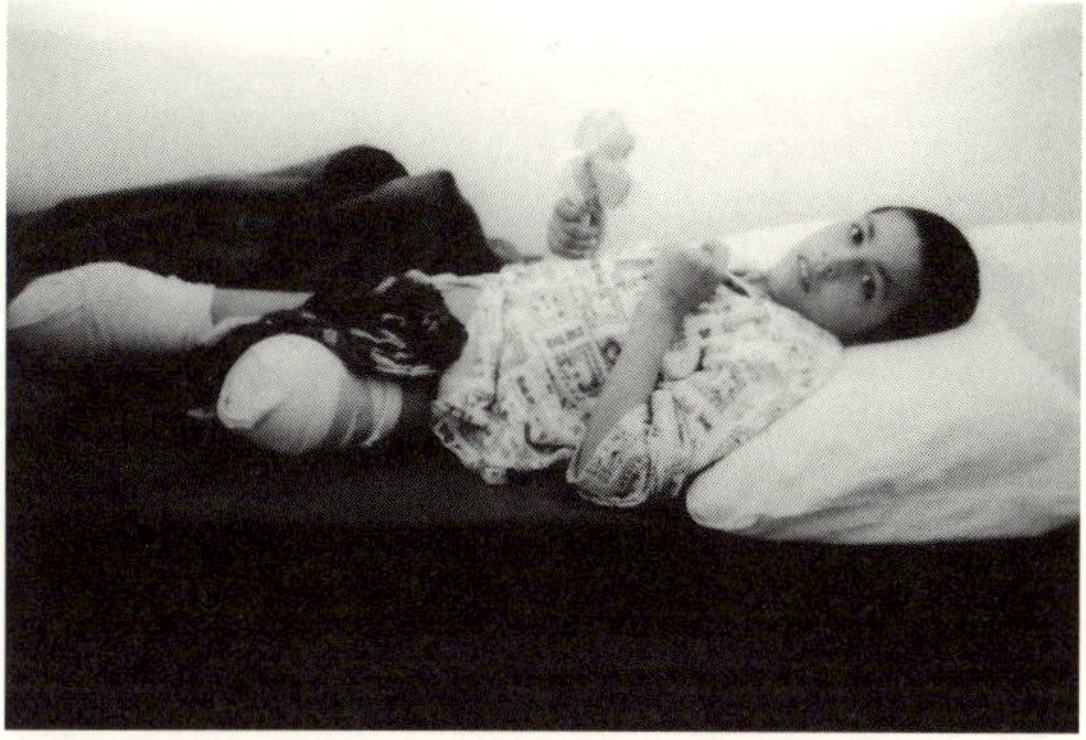

地雷で両足を失ったアフガニスタンの子。大人の戦争で子どもが犠牲になる。2002年

恐れは日本の軍備の増強、軍事力拡大

私は、「こうした状態がいつまで続くのだろう」と、武力衝突が起こらないかハラハラとした気持ちでいます。「中国は空母『遼寧』を尖閣諸島が点在する東シナ海の北海艦隊に配備計画」、という報道を見て驚きました。「遼寧」は旧ソ連軍の空母の改造型ですが、二〇一四年完成を目指して二隻の空母を建設中とのことです。

私が恐れることは、中国に対抗するために日本の軍備を増強させようとすることです。軍事力拡大にはきりがありません。「中国には核があるから日本も」「徴兵も必要」などの声も出ています。私は沖縄人として「日米軍事同盟の強化」と

「オスプレイ配備」「辺野古新基地建設」は必要という人が増えないか心配です。

尖閣諸島に近い与那国島への自衛隊の配備計画も進んでいます。自民党からは「自衛隊を国防軍に改称」という声も上がっています。

野田首相の国有化宣言に対し、中国の楊潔篪外相は九月二七日、国連総会で「日本は甲午戦争（日清戦争）の時に釣魚島を盗み取った」とハッキリ発言しているのをテレビで見ていて中国の強硬な姿勢をあらためて知らされました。

領有権問題を加速させた国連調査団報告

尖閣諸島は沖縄の石垣島から約一七〇キロ、台湾からも一七〇キロ、中国本土から約三三〇キロの位置にあります。五つの島と三つの岩礁、全部合わせても面積は五・五平方キロ、一番大きな釣魚島は三・八平方キロです。現在は無人島ですが、一九〇九年には釣魚島には二四五人の日本人が住んでアホウドリの羽毛を集め、カツオ節をつくっていたそうです。

中国は釣魚島を日本より早く発見し一四〇三年に書かれた中国の文献にその名が記されていると領土の根拠にしています。日清戦争後、一八九五年四月の下関条約で台湾、その周辺の島々と共に日本に奪われたとしています。

それに対し日本は、尖閣諸島はもともと日本の島で下関条約には含まれていないといっています。

一八八四年三月に福岡の実業家古賀辰四郎が尖閣諸島を探検。日本政府は翌八五年一月、久場島の開拓許可を出し、九五年一月、久場島と釣魚島を沖縄県に組み入れました。当時は所有国が確定していない無人島は、領土宣言した国に帰する事が国際法で定められていたそうです。

一九六九年五月。国連の調査団が尖閣諸島周辺の海底に豊富な天然ガス埋蔵の可能性があることを報告しました。その後、一九七〇年九月、台湾が議会で尖閣諸島領有権を議会決議、翌七一年一二月、中国も尖閣諸島領有権の公式声明を出しました。

「どうして大人は戦争するの」

領土に関しては国の威信、国民のナショナリズムがからむのでお互いに主張を譲らないと思います。そこで簡単な提案です。

日本・中国・台湾で尖閣諸島を、平和を築く島と位置づけ、海底資源は共有とし、二〇一〇年七月以降中断している資源の共同開発を再開する。「そんなに簡単にはいかないよ」と叱られそうですが、平和は単純に考えた方が良いと思います。

ベトナム戦争撮影中、農村を爆弾、ロケット弾で攻撃する米軍を見て、その費用を農村の発展に役立てたらアメリカはベトナムの人々から大いに感謝されるだろうと単純に考えたことがあります。

長野県の地元で「戦争と子どもたち」写真展をした時、子どもに「どうして大人は戦争するの」と聞かれました。大人は子どもの目線に立って平和を考えたらいかがでしょうか。（二〇一二年一一月）

6　友好と平和の島を築く

二〇一〇年九月七日、沖縄県の尖閣諸島沖で中国のトロール漁船が海上保安庁の巡視船に衝突。船長は逮捕、他の船員を乗せた漁船と共に海上保安部のある石垣島に連行されました。この事件に対し、尖閣諸島を中国の領土として公表している中国政府は船長の逮捕に抗議し釈放を要求しました。

船員の一四人は一三日に帰国しましたが、船長は拘留されました。そのことへの報復措置と思われるような東シナ海ガス田開発を巡る日中条約締結交渉の延期、中国の企業が計画していた一万人の訪日旅行の中止がありました。日本がハイブリッド車や携帯電話の生産に必要としている鉱物「レア・アース」の資源国である中国は「レア・アース」の日本への輸出を停止、軍事管理区に入ったとして四人の日本人拘束などのことも生じました。

時系列で歴史を検証

この年の九月二四日付沖縄タイムスの社説によると「尖閣諸島は魚釣島、久場島、大正島など五つの島と三つの岩礁からなる。『石垣市登野城』、それが魚釣島や久場島、大正島などの住所である。現在は無人島だが魚釣島や久場島にはかつて『古賀村』と呼ばれる集落があり、かつお節工場があった。尖閣諸島は日本の漁業者が住んでいたこともあるれっきとした沖縄県の島々だ」と記し、中国が尖閣諸島を中国の領土と明記したのは一九九二年としています。

一〇月五日の「しんぶん赤旗」によると、一八八四年に古賀辰四郎が無人島だった尖閣諸島を探検、日本政府は一八九五年一月一四日の閣議で尖閣諸島を日本領として沖縄県八重山郡に編入したとのこと。当時、無人島で主のない島にはこうした方法は国際法で認められていたそうです。

日本政府は一八九六年、古賀辰四郎に尖閣諸島を貸し、古賀は貯水池や船着場をつくりアホウドリの羽毛やふんを採取する事業を始め古賀村の名がついた。大正期に入ってかつお節や海鳥のはく製の製造が行われ、二〇〇人に近い人が住んでいたとのことです。

国後島からみた知床半島。自動車が走る様子が肉眼で見えた。1992年

領土問題にからむナショナリズムと自国の解釈で書かれる歴史観

台湾は一九七〇年、中国は一九七一年に尖閣諸島の領有権を初めて主張し、それまでは日本の領有に対し異議も抗議も全くなく、一九六六年、中国発行の地図には尖閣諸島は中国領外として記載されているそうです。

このような歴史から、政府が尖閣諸島は日本固有の領土と主張するのは世界に対しても説得力があると思います。しかし、中国の人々を説得するのはかなり難しいでしょう。国民は政府が自国の領土と主張すればそれを信じるし、領土問題にはナショナリズムが伴います。

教科書も歴史は自国の解釈によって記載されます。例えば朝鮮戦争は、歴史的に西側諸国では、北朝鮮軍が韓国領に侵攻したと理解されています。けれども、以前、北朝鮮で若い人と話し合った時、米軍、南朝鮮（韓国）が先に攻撃したので反撃したと言っていました。

北方四島で会った若者も、国後島《くなしり》、色丹島《しこたん》、択捉島《えとろふ》、歯舞《はぼまい》諸島はロシアの領土と信じていました。竹島も韓国と日本が固有の領土と主張し双方の国民もそう考えています。

私は、北方四島はソ連に奪われ、竹島、尖閣諸島も日本の領土と思っています。しかし、「領有権で争うより、平和と友好の島に」――そのように私は提案します。

北沢防衛相は南西諸島の自衛隊配備の検討を表明、クリントン国務長官は「日米安保条約は石垣島をはじめ南西諸島群も適用される」と発言し、ハノイでの北沢防衛相とゲーツ国防長官の会談でも安保条約適用が確認されています。

私は南西諸島への自衛隊の配備には反対です。また、尖閣諸島防衛が辺野古新基地建設の理由の一つに挙げられるようなことがあってはならないと思っています。

以前、北方四島へ行った時も考えたのですが、日本とロシア共同管理の島として双方の国の人々が自由に住み、パスポートの必要のない友好の島とする。竹島も尖閣諸島も同様に平和と交流の島とする、海洋資源も平等に分けるという提案はいかがでしょう。双方が固有の領土という認識を持ったままで進めるか、双方がその認識を捨てるかどちらでも良いのですが、結果的に友好の島が実現すれば世界からも支持されるのではないかと思っています。

（二〇一〇年一〇月）

7 沖縄基地・領土問題と日本の安全

保守（タカ派）勢力圧勝で懸念が

二〇一二年も終わりに近づいた時、衆議院選挙が行われ、御承知のように自民の圧勝となりました。この結果により、民主党政権から自民・公明の政権に移行しました。

選挙前、各党は、憲法、外交、安保、政治改革、原発、エネルギー、東日本大震災復興計画、公共事業、消費税増税、社会保障、教育・子育て、デフレ対策などについて主張を述べました。

有権者は自分に関わりのある問題により注意したと思います。私が一番注目したのは外交と安保に対する問題です。沖縄の辺野古新基地建設反対、オスプレイ配備撤回、普天間基地撤去、南部基地返還などまだ解決してない問題に対して各党はどう対応していくのか——。

ベトナムほかの戦争を取材したカメラマンとしては、各党の沖縄・尖閣諸島に対する姿勢と有権者の反応が気になります。共産党の日米安保破棄、社民党の安保条約を弱め平和条約にする、という以外は全ての党が日米同盟の強化を挙げていました。

辺野古、キャンプシュワブのフェンス。私の故郷沖縄には米軍の建てたフェンスが多すぎる。2012年

自民党、日本維新の会、国民新党は集団的自衛権行使を謳《うた》い、憲法九条の改憲も視野に入れています。そうなるとアメリカの戦争に自衛隊も参戦する可能性がでてきます。

私は安倍晋三自民党総裁、石破茂幹事長、石原慎太郎維新の会代表、橋下徹同代表代行のタカ派的発言に危機感を覚えていました（肩書きはいずれも当時）。この選挙での得票率は自民党が二七・六二パーセント、維新の会が二〇・三パーセント、それに対して共産党は六・一三パーセント、社民党は二・三六パーセントでした。

沖縄の基地の永久化が心配

安保条約、基地には反対だが、ほかの政策のことを考えて、自民、維新、民主などの党に投票した人もいると思いますが、それにしても国民の大多数の人は安保に賛成、沖縄基地容認と私には考えられました。

親しく長くつき合っている友人たちの中にも安保条約は必要と考えている人がいます。「君には気の毒だが、中国、北朝鮮に対して沖縄基地が抑止力になっている」と言われます。

辺野古の新基地建設も、本土には賛成の人が多いことが選挙の票に表れています。沖縄の人々は米軍の占領下に土地を奪われて建設された基地をなくしたいと願っています。それなのに今度は日本政府承認の下に新しい基地が造られると永久に固定化されるのではないかと心配している人が大勢います。

沖縄も日本ではあるのですが、「また、日本のために犠牲になるのか」という声も上がっています。しかし私は、基地や軍の存在こそが危険であると思うのです。アジア・太平洋戦争で日本軍が沖縄に駐留していなければ島の破壊も民間人の犠牲もなかったと私は考えています。

軍隊が抑止力とならないことは沖縄戦だけでなく多くの戦争が証明しています。もし、再び沖縄が攻撃の目標とされるならば、それは米軍と自衛隊の基地の存在が原因になると思います。尖閣諸島に近い与那国島への自衛隊配備の計画が進行していますが、私は基地のない平和な島のほうが安全と考えています。

自衛隊配備は将来の地ならし

二〇一二年一二月一二日、政府は北朝鮮からミサイルが発射されたと発表しました。

同年四月一三日に発射された時も、北朝鮮の発射予告に対し迎撃のためのパトリオットを東京・千葉・埼玉、沖縄の那覇市・南城市・石垣市に配備し、ミサイルを搭載したイージス艦三隻を日本海・東シナ海に展開させました。

この時、国連安全保障理事会は、長距離弾道ミサイルの発射実験とみなして、発射中止の要望を北朝鮮に伝えました。二〇〇九年、北朝鮮の核実験後、安保理は「弾道ミサイル技術を使ったいかなる発射も禁止する」と決議しています。

私は北朝鮮へ六回行き、北朝鮮や在日本朝鮮人総連合会に友人たちがいます。北朝鮮が韓国、アメリカ、日本ほかの国々と友好を深めていく日がくることを心から願っています。だから北朝鮮の核やミサイルの実験に反対しています。それは平和への流れに逆行し友好を築くうえでの妨げとなると思うからです。

二〇一二年一二月の時も、政府は沖縄にパトリオットと自衛隊を配備しました。こうした状況を私は、政府・自衛隊が大げさに危機感を煽《あお》り、自衛隊配備の地ならしをしていると受け取りました。

日本は北方領土、竹島、尖閣諸島と三つの領土問題に直面しています。領土に関しては双方に主張がありナショナリズムが起こるので戦争の原因となることが多いのです。

ざっと大雑把に振り返っても一九四八年から第四次まで続いたイスラエルとエジプトほか周辺国との中東戦争、一九四八年から七一年のインド・パキスタン戦争、一九六九年、中国とソ連の国境戦争、一九八二年には、イギリス・アルゼンチンのフォークランド戦争が起こっています。南シナ海の西沙（パラセル）、南沙（スプラトリー）群島の中国・ベトナム・フィリピン・台湾・マレーシア・シンガポール・ブルネイによる領土・領海権争いはまだ解決していません。

安倍晋三政権が沖縄の基地問題、領土問題にどのように向き合っていくのか、注意が必要です。領土問題については、ナショナリズムを煽ったり、軍事的な対応に走ってはならないと思います。

（二〇一二年一二月）

8　軍隊も基地もない平和な島を望む

軍隊があるから戦争になる

二〇一〇年の一二月、民主党政権の閣議で二〇一一年から一〇年間の「防衛計画の大綱」を決定しました。「今、日本の周辺の外国の軍事状況はこのようなものなのでこうして日本を防衛する」ということを示したものです。

私は、「軍隊があるから戦争になる。戦争では民間人が犠牲になる。軍隊は民間人を守らない。だから軍隊は必要ない」と思っています。憲法九条は最も大切ですが、自衛隊が存在することで軍事力を持たないとした九条は破られていると考えています。

私の故郷である沖縄は、ご存知のように日本軍がいたために米軍の攻撃を受け、爆撃や艦砲射撃を浴び、上陸した米軍と日本軍との戦闘に巻き込まれ大勢の民間人が犠牲になりました。

ベトナム戦争も同様で、農民のいる村を米軍が徹底的に破壊している様子を私は目撃しました。カンボジアではポル・ポト軍の兵士が民間人を虐殺しました。サラエボでは民間人のいる市場が爆発しました。アフガニスタンの病院には負傷した子どもたちが大勢いました。皆、兵士たちがしたことです。

ベトナム戦争中、ヘリコプターで突然、村を攻撃してきた米兵に撃たれた農民。1966年

軍隊がなくても平和への道はある

しかし、自衛隊は必要ないと言うと、多くの人から「では国は誰がどうして守るのか」と反論されます。ほとんどの人が「戦争はいけないが、国を守るための自衛力は必要だ」と考えています。どの国も他国を侵略するために軍隊を持っているのではない、国を守るためだと言っています。

しかし、アメリカは、自国に何も危害を加えていないベトナムへ大軍を派遣しました。同様にイラク、アフガニスタンへも派兵しました。そしてそれぞれの国で、罪のない市民や子どもを多数殺害しています。こうした動かしがたい事実から考えて、軍隊があれば、それは容易に侵略や覇権の道具に転化すると考えます。アメリカの「五一番目の州」などといわれるほど言いなりになっている日本が軍隊を持てば、そうなる危険はきわめて大きいといわねばならないでしょう。

「軍隊を持たずどうして国を守るか」、という質問への私の答えは、「政治の平和外交、スポーツ・

文化など民間人の交流で友好を図る」です。二〇一一年度から五年間の「中期防衛力整備計画」では二三兆四九〇〇億円の費用が見積もられています。それを平和外交・交流に回せば、日本の軍事力の増強に対する中国、北朝鮮の反発は友好に変わると思います。

基地のない平和な島が沖縄人の悲願

二〇一〇年の「防衛計画大綱」では、中国の核・ミサイル・海軍・空軍など軍事力の増強、北朝鮮の大量破壊兵器、弾道ミサイルの開発や軍事的挑発行動に対応するために「動的防衛力」に重点を置くとしています。「動的防衛力」では、中国を念頭に那覇自衛隊基地の戦闘機をこれまでの一個飛行隊を二個飛行隊にし、東シナ海・西太平洋の警備増強のために潜水艦を現在の一六隻から二二隻、護衛艦を四隻から六隻に増やす計画です。

そして、これまで配備されていなかった沖縄の離島に自衛隊を駐留させて島が攻撃された場合、すぐに応援できるような態勢をつくるとしました。これも「動的防衛力」です。自衛隊は二〇一〇年、沖縄本島に二〇〇〇人駐留しているが、四〇〇〇人に増やして、与那国島に沿岸監視隊、宮古島・石垣島には実戦部隊が配備されるようだ、と沖縄の新聞は報じていました。与那国島は人口一六〇〇人ですが、一〇〇人ぐらい自衛隊員の駐留が推定されています（二〇一五年一月一日、沖縄の自衛隊員は総員六五〇〇人、陸上自衛隊二四〇〇人、海上自衛隊一三〇〇人、航空自衛隊二八〇〇人）。

中国軍からの攻撃を仮定しての配備ですが、中国を刺激することは間違いありません。もし、島が戦場になったらまた、沖縄戦のように民間人が犠牲になると思います。中国も北朝鮮もミサイルを持っています。

自衛隊は、沖縄に迎撃ミサイルPAC3を配備する計画ですが、攻撃されることを想定しての準備ですから、それも沖縄人にとっては恐ろしいことです。そのうえに政府は、辺野古に新しい基地の建設を進めようとしています。「基地のない平和な島」が沖縄人の悲願です。

憲法九条を世界に示すことが大切

「軍事には軍事」で対抗しようとすると、中国は核兵器を持ち、空母の建造を進め、ステルス戦闘機を製造していますし、北朝鮮も核、ミサイルを保有していますから、それに対抗するということになります。

日本も核を持とうという声があります。核も含めた軍事力の強化は際限がないと思います。その分を米軍に依存すれば沖縄の米軍基地は必要ということになります。そこで私は、自衛隊も米軍基地もなくし、平和外交に徹するべきと思うのです。軍備を持たず平和を守る日本を攻撃する国はないだろうと私は信じます。それは理想論と言われても、各国の戦場を撮影し、軍隊があることによって犠牲になった民間人の姿を数多く見てきた元戦場カメラマンの考えです。憲法九条を世界に示すことができれば素晴らしいことと思います。

（二〇一三年一月）

9　戦争を知ってもらう写真

命どぅ宝

私は話すことが下手です。それでも時々、講演に行きます。「私が見てきた戦争」をできるだけ多くの人に知って頂きたいと思うからです。

学校から依頼があった時は、何をおいても必ず行くようにしています。戦争を知らない世代に悲惨な戦争の実態を知ってもらいたいと思っています。話すテーマは「命《ぬち》どぅ宝」、沖縄の言葉で「命こそ宝」という意味です。「生きていれば夢を持つことができる。時にはつらく悲しいこともあるが、それも人生であり、生きることこそが大切。その尊い命を戦争はたくさん奪ってしまう。戦争を防ぐためには戦争による残酷な実態を知ること」という思いで、私が撮影した写真のスライドを映写します。

外された「飛び散った体」

沖縄県立美術館で私のベトナム戦争写真展が催された時に、「飛び散った体」の写真が、館長の「倫理上青少年の影響を考えて」という理由による要望で外されたことがありました。諏訪市の美術館での写真展の時も、美術館を管理する諏訪市の職員から外すようにいわれました。

飛び散ったベトナム人兵士。小さな砲弾が解放戦線兵士の体に当たり爆発した。戦場にはこのような死体がたくさんあるので慣れてくる。恐しいことだ。1967年

私は、沖縄と諏訪の美術館でも戦争は残酷であり、殺す側、殺される側も人間の尊厳が奪われる、この写真にはそれが表現されていると説明したが、館側と争いませんでした。お互いに我を通そうとすると写真展が中止になるかもしれませんし、ほかの写真でも残酷な戦争は表現されているからです。

諏訪市美術館には市内の小学生、茅野市の中学校の生徒たちが、先生に引率され団体で見に来ていました。会場に来た人に見てもらうよう、数冊の私の写真集を並べましたが、写真集には「飛び散った体」も掲載されています。それを見て「ウワー」と驚きの声をあげる生徒もいましたが、皆で興味深げにページをめくっていました。

写真展は全国でずいぶん催され、その中には必ず「飛び散った体」がありますが、沖縄と諏訪の美術館以外では、外すように言われたことはありません。沖縄市では子どもが来る市役所のロビーで展示したこともあります。

「飛び散った体」で知る戦争の真実

長野県の松川中学校3年C組の生徒たちが、私にインタビューして『沖縄新聞』を制作したことがあります。その時、インタビューに来た生徒と教員から「飛び散った体」を掲載したいという要望がありました。

二〇一一年六月一七日には松川中の全校生徒と授業参観日に来ていた父母を対象に講演した際、「飛び散った体」も見てもらいました。「戦争では爆撃機や大砲が使用される。沖縄は軍艦からの砲撃もあった。爆弾や砲弾が破裂すると人間の体はこの写真のようにバラバラになります。沖縄戦、ベトナム戦争では大勢の子ども、女の人、お年寄りがこのような姿になったということを知ってほしい」と話しました。

長野県茅野市北部中では一年生一二七人に二〇一〇年から二〇一一年にかけて、四回シリーズで戦争について話しましたが、担当の教員から、第二回のベトナム戦争の時に、「飛び散った体」をという要望がありました。講演の後の教員、他校の教員、教育委員会の人など六一人での討論会でPTSD（心的外傷後ストレス障害）を心配する声がありましたが、全体的に講演は好意的に受け入れられました。その後、担当の教員も何の問題も起こっていないと言っていました。三回、四回と生徒と給食を共にした時、周囲の生徒に聞いても、最初は驚いたが自分たちは大丈夫だし、他の生徒が気持ち悪くなったということも聞いていないとのことでした。松川中の校長からは講演の礼状が届きました。

同年七月三日の諏訪清陵高校文化祭では、「飛び散った体」を展示し、講演でもスライドで見てもらいました。このような写真を見て戦争が残酷なことを知ってもらいたいと思っています。

（二〇一一年七月）

10　秘密が好きな日本政府

二〇一三年一一月二六日の衆院本会議で「特定秘密保護法案」が強行採決されました。賛成は自民、公明、みんなの党。日本維新の会は棄権。反対は民主、共産、生活、社民の各党。秘密保護法は、①防衛、②外交、③特定有害活動防止、④テロ活動防止に関する情報を知る立場にある人々がその内容を外部に漏らした場合、最高一〇年の懲役を科するというものです。

この法制化に多くの人々が反対しました。①何が秘密かその範囲がわからない、②このことを話すと逮捕されるのではないかと不安を持つ、③秘密期間が六〇年と長すぎる、④ジャーナリストの取材も制限を受ける恐れがある、⑤国民は知る権利を奪われるなどいろいろな障害が生じるからです。

京都府舞鶴軍港の自衛艦。秘密保護法では軍港を撮影すると罰せられるのだろうか。2003年

秘密が多くなるほど戦争の危機が

私はこの法案について聞いた時、背筋が寒くなる思いにかられました。私たちの年代は、政府や軍から日本の戦争の実態を秘密にされたまま、戦中、戦後と苦しい生活を体験しています。安倍晋三首相は「国民の平和を守るための法案です」と語っていましたが、私はその逆と思っています。秘密が多くなるほど民主主義がおびやかされ戦争の危機が増します。現在、政府に指定されている秘密は四二万件あるそうで

す。

日本は何事も秘密にしたがる国、市民の声に耳をかたむけない国と思っています。一九六〇年、取材で日米安保条約反対のデモや集会の現場へ行きました。あらゆる分野の人々が参加した日本史上最大の市民運動だったと思います。しかし、六〇年六月二三日、外相公邸へ行き、故・藤山愛一郎外相とマッカーサー二世駐日大使の間で新安保条約批准書が交わされる様子を目のあたりにして、あの人々の声は政府に届かなかったのかと、とてもがっかりしたことを覚えています。

二〇一二年九月九日、オスプレイ配備反対県民大会に集まった一〇万の人々の声も政府によってかき消されてしまいました。オスプレイ配備も一九九九年一月、沖縄駐留海兵隊副司令官が沖縄配備をハッキリと発表しているのに日本政府は配備については知らないと言い続けてきました。二〇〇八年になって政府は日米間で配備について話し合ったことをしぶしぶ認めたのです。

沖縄の本土返還に際し基地の復元費四〇〇万ドルを日本政府が肩代わりするという「密約」を記事にした毎日新聞の西山太吉記者は、外務省職員に秘密を漏洩《ろうえい》させたとして逮捕されました。

その後、密約の文書がアメリカの公文書館で公表されたにもかかわらず、日本政府はいまだに密約も文書の存在も認めていません。

自衛隊は何を隠そうというのでしょう

自衛隊の秘密体質も経験しました。沖縄の上原太郎さんは農地を米軍に軍用地として接収され沖縄本土復帰後、その土地は航空自衛隊那覇基地の管轄となりました。上原さんは土地の返還を訴え続け自衛隊基地にある土地の一部を自衛隊に貸さず農地としました。

一九八八年、その土地を撮影するために上原さんに同行しました。農地は自衛隊ゲートからかなりあり、炎天下を二人で歩きましたが、その後を二人の自衛隊員がジープに乗ってついてきました。上原さんの土地以外の撮影は許可していないので私がほかの場所を撮影しないか監視のためです。

飛行場は広く秘密らしいものは何もありません。私も隠し撮りをしようという気持ちはありませんでした。それより上原さんは七八歳。ジープに乗せてあげたらいかがですかと言いましたが、乗りなさいとは言いませんでした。

一九九三年、カンボジアで国際平和維持活動を取材している時も、並べてある銃の撮影は駄目、隊員たちが食券を買って昼食をとっているので私も食券を買いたいと思ったがそれも駄目と言われました。ベトナム戦争取材では、米軍からヘリコプターに乗せてもらい、食事も無料支給など最大級の便宜を受けていたので、自衛隊の対応の違いを強く感じました。

特定秘密保護法案が成立すると権力を持っている人たちがあれも駄目、これも駄目と威張り出さないか心配です。

（二〇一三年一一月）

11　危険いっぱいの「防衛大綱」

戦争への危険性を感じた年

二〇一三年一一月の衆院に続き、参院も一二月六日に特定秘密保護法を強行採決しました。民意を無視した行為として一九六〇年安保の時と同じように日本史の汚点として永遠に残ると思います。

二〇一三年は将来、戦争が起こるかもしれないと強く感じた年でした。その第一は中国の防空識別圏の設定です。識別圏は領空侵犯に備え領空の外側にめぐらせた空域です。

日本も識別圏を設定していますが、尖閣諸島領空を含め中国の拡大設定と重なった部分があります。日本はそこの識別圏を認めていません。中国は自国の識別圏を飛行する外国の軍、民間の飛行計画の提出を要求しています。

二〇一〇年の記録では航空自衛隊のF15戦闘機が那覇空港から一一五回（二〇一五年は五三一回）発進しています。訓練もありますが、かなりの数が識別圏の不審機に対するスクランブルです。

定期的に飛ぶ民間航空会社のレーダーに写る機影はわかりますが、ロシア軍機、中国軍機の場合はスクランブルがかかります。でも識別圏が重なっていないので相手が離れていけばそれで終わりです。それが今度は、識別圏が重なっている場所ではお互いにナショナリズムの面子《めんつ》をかけて飛行妨害などが起こらないかとの危惧《きぐ》が生じます。

尖閣諸島の国有化以降、中国の海洋巡視船の領海侵入が続き、海上保安庁の巡視船が並走して退去を勧告しています。しかし、それと比べて、スピードのある戦闘機の接触事故は墜落の危険があり、それがきっかけとなり対中、対日感情が極度に悪化する恐れがあります。

歴史認識問題で対日感情悪化

二〇〇一年には米偵察機と中国戦闘機が南シナ海上空で接触し中国機が墜落して米中関係が緊張したことがあります。二〇一三年一一月二六日付、人民日報系の環球時報はインターネットでの「中国の識別圏に外国機が侵入した場合どうするか」アンケート調査結果を発表しました。

竹富島

その報道によると「軍用機を派遣して監視、迎撃し、追い払う」八六・六パーセント、五九・八パーセントが「警告に従わない場合は実弾で攻撃すべきだ」と答えています。

以前に中国の「南京虐殺記念館」「平頂山虐殺記念館」「九・一八事変現場」などへ行きました。そこには日本軍による虐殺、日本軍の工作で鉄道を爆破しそれを中国人によるものとして軍事行動を開始した「満州事変」のことが展示されています。こうした歴史を中国人は、学校やテレビなどの日常生活で教えられています。「慰安婦」問題も含めて中国と日本の歴史認識の差も中国人の対日感情を悪くしています。

日本の軍事力強化が目立ち沖縄の危険度は計り知れない

現状の日中関係の悪化はお互いの国民にとっても不幸です。それを打開するのは友好的な政府の外交、民間の交流と思います。しかし、安倍政権が二〇一三年一二月一七日の閣議で決めた「国家安全保障戦略」「防衛大綱」「中期防衛力整備計画」を読むと軍事力の強化が目立ちます。

以前はソ連を仮想敵国として北海道を守備する自衛隊にたくさんの戦車を配備しました。今度は中国を視野に置き、航空、海上、陸上自衛隊による沖縄の空と海と島々での戦闘を想定して攻撃能力を高めようとしています。沖縄の人々があれだけ反対したオスプレイも一七機の購入を計画しています。自衛隊は嘉手納基地、建設計画の辺野古新基地の使用も考えています。

そうなると沖縄の危険度は計り知れないものになります。アジア・太平洋戦争では沖縄防衛として配備された日本軍と米軍との戦闘に巻き込まれ沖縄人は大きな被害を受けました。私は沖縄人として二度とこのような悲劇が起こってはならないと思っています。

（二〇一三年一一月）

第4章　軍隊は国民を守らない

1　軍隊は民間人を殺す

二〇一四年七月八日、イスラエル軍がパレスチナ自治区ガザを爆撃開始、一七日、地上からは戦車を伴った部隊が侵攻しました。七月二九日の段階でパレスチナ人の死者は一〇五〇人を超え、負傷者は四二〇〇人以上になっています。この多くは子どもを含んだ民間人です。戦闘は続いているので死傷者は増加します。イスラエル側は死者五〇人以上といっています。

四人の少年の死が戦闘を拡大させる

この時、戦闘になったきっかけは、パレスチナ自治区ヨルダン川西岸でユダヤ人少年三人が死体となって発見され、イスラエルはイスラム武装抵抗組織ハマスの犯行とし、今度はパレスチナの少年が殺されたのですが、ハマスはこれをイスラエルによるものとしてロケット弾をイスラエルへ発射したという出来事でした。ハマスもイスラエルの攻撃による民間人の犠牲を考えるべきです。「政府、軍隊は民間人の犠牲を考えない」と思いながら撮影したベトナム、カンボジア、ボスニアなどの戦場と、死傷するパレスチナの子どもの姿が重なりました。なぜ、民間人を犠牲にするのか。政府は国益、軍隊は勝利を優先させるからです。このことは過去の戦争、現在も変わらないことをガザの戦闘が証明しています。今後、起こるかもしれない戦争も同じです。

安倍首相が推し進めている集団的自衛権の行使に反対しているのは、日本も戦争に参加するようになると考えるからです。

シオニズムによる国家建設と中東戦争

紀元前一〇世紀ごろ、エルサレムを首都としたイスラエル王国がありましたが、ユダ王国が紀元前五八六年に滅び、AC（紀元）二世紀前半からユダヤ人は各国に離散するようになりました。世界のユダヤ人たちにとって、旧約聖書の中でパレスチナにいたイスラエルの始祖とされるアブラハムに対し、エホバの神が「パレスチナをあなたの子孫に与える」と約束したことが、一九世紀後半に強まったシオニズムの基礎になっているといわれています。シオニズムというのは、エルサレムが古い言葉でシオンの丘と呼ばれていたことから、パレスチナにユダヤ人国家を建設しようとした考えと運動のことを指しています。

しかし、パレスチナには昔からパレスチナ（アラブ）人が住んでいたのです。シオニズム以前はパレスチナのユダヤ人は二万五〇〇〇人ぐらいでしたが、一九一四年にはパレスチナ人七〇万人に対しユダヤ人八万五〇〇〇人。ナチス政権下の一九三七年には四〇万人になりました。その後もユダヤ人は増え続け、一九四八年五月、イスラエルの建国を宣言しました。

こうした動きに、エジプト・イラク・ヨルダン・シリア・レバノンなどのアラブ諸国が反発して同年、イスラエルとの第一次中東戦争（パレスチナ戦争）が勃発しました。第四次中東戦争の七三年まで続いた戦争でイスラエルは勝利しパレスチナの全土が占領されました。

ベトナム戦争で傷ついた母親に悲しむ子どもたち。戦場には多くの悲劇があった。1966年

六〇〇万人のユダヤ人が住むアメリカは、イスラエル建国、中東戦争、現在とイスラエルを支援しています。パレスチナ人はヨルダン川西岸地区とガザ地区に押し込められていますが、一九六四年、レスチナ解放機構（ＰＬＯ）を結成。一九八七年、二〇〇〇年には大規模な反イスラエル闘争が起こっています。

一九八八年、パレスチナ国家独立が宣言され、九四年からパレスチナ自治政府が発足しました。人口は難民を含めると一一六〇万人ですが、現在、西岸地区に二八〇万人、ガザ地区に一七〇万人が住んでいます。ガザ地区はイスラエルが完全に包囲して他国との交流、貿易も監視されて生活は極端に困窮し、国連やNGOの支援を受けています。

パレスチナの二〇一三年のGDPは一二五億ドル。一人あたりの年間所得は二七二〇ドル、失業率は二四パーセントです。イスラエルは人口八一八万人。GDP二七二七億ドル。一人あたり年間所得は三万四七〇〇ドル。パレスチナとは大きな差があり、核を持つ軍事大国です。その軍事力を持ってパレスチナの市民を苦しめていることに怒りを感じます。

あらゆる武器は相手を選ばない

二〇一四年七月、ウクライナ上空ではマレーシア機が撃墜され大勢の幼い子どもを含む民間人が犠牲になりました。ミサイル、爆弾、砲弾、銃弾には相手を選ぶ機能はありません。日本政府の人はパレスチナ、ウクライナから戦争の実態を知ってもらいたいと思います。（二〇一四年七月）

2　教科書検定を考える

七度目のチビチリガマ

二〇〇七年一〇月一三日、沖縄・読谷村のチビチリガマへ行きました。七度目になります。

沖縄戦で八五名が集団自決した洞窟で、慰霊碑には死者の名と年齢が刻まれています。六歳、七歳と幼い子たちの年齢と名を見ながら生きていれば今は私と同じ年頃、いろいろな人生を体験できたであろうと残念に思いました。

　沖縄は私の故郷です。沖縄へ帰る機会があると、できるだけ戦跡や基地を見るようにしています。戦争を心にとどめておきたいからです。沖縄戦の集団自決に日本軍の強制はなかったとする高校歴史教科書の検定削除問題では、教科書調査官、検定調査審議会委員、文部科学省に怒りを感じました。私は一九四二年、四歳の時に本土に移りましたので、沖縄戦は体験していません。しかし、戦後、那覇市首里儀保町の母の実家で生き残った祖母と曾祖母から砲弾の中を逃げ回った話を聞いた時、沖縄戦の悲劇を実感として受け止めました。祖父は六〇歳で防衛隊に徴用され戦死し、老人二人がバラックのような家でひっそりと生活していました。父の実家のあった鳥堀町の家は跡形もありませんでした。

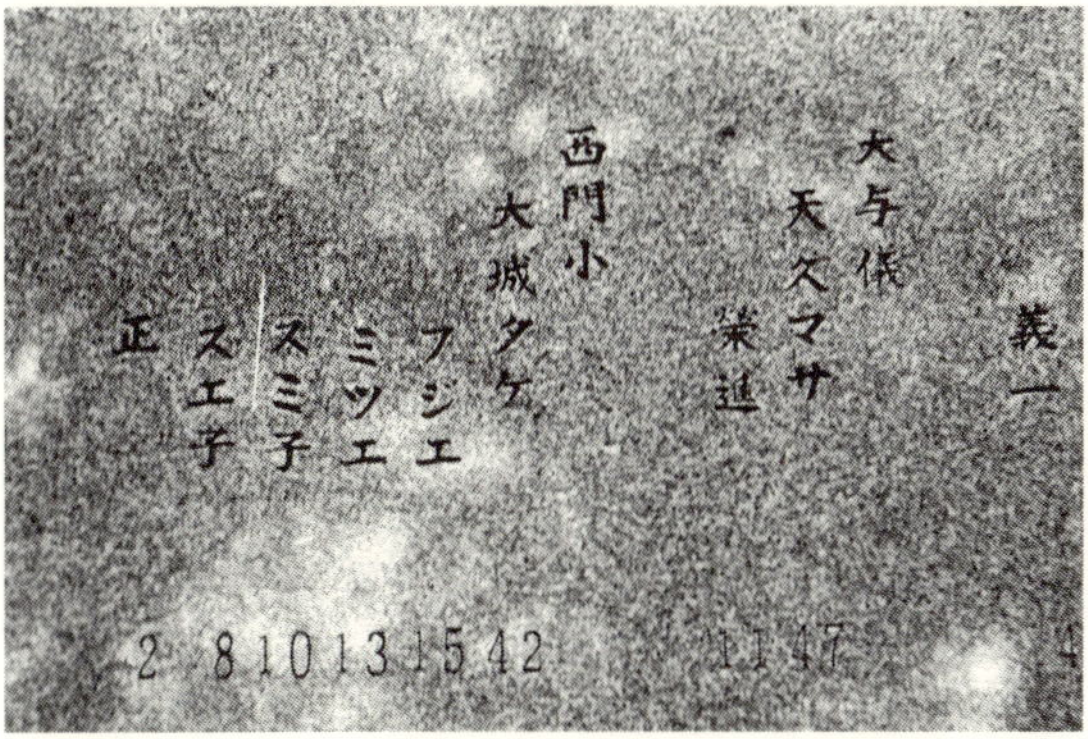

チビチリガマで「集団自決」した人々の慰霊碑。親が子を殺す悲劇を深く心にとどめたい

戦争の実相を知らない生徒たち

　私は「戦争を防ぐためには戦争の実態を知ることが大切」と考えています。しかし、日本の戦争が終わってから七〇年

以上がすぎ、日本の戦争の記憶は日本人から遠くなっています。学校教育の中できちんと日本の戦争の実態を学ぶべきだと思いますが、受験目的の教育の中で、現代史に至るまでに歴史教育が終わってしまうようです。

それに日本政府は、できるだけ戦争における「負の面」を隠すようにしているという感を受けます。沖縄の集団自決も、軍人が命令したかしないか以前に、なぜそのようなことが起こったかの基本的なことから知る必要があります。私はベトナム、カンボジア、ラオス、アフガニスタン、ソマリア、ボスニアでの戦争取材体験から、軍隊が存在する限り戦争はなくならないと思っています。そして、戦争では民間人が犠牲になります。軍隊は民間人を守らないという現実を目にしてきました。

戦雲の影が沖縄を覆い始めたのは一九四四年、沖縄守備軍・三二軍が創設され続々と送り込まれてからのことです。その年の夏、私の兄は学童疎開の第一陣で鹿児島に移りましたが、第二陣の対馬丸はアメリカの潜水艦によって撃沈されました。その時に七八〇人（二〇一四年判明時）の小学生が犠牲となりました。生き残った平良啓子さんに職場の塩谷小学校でお会いした時、海に浮かぶ子たちが次々と沈んでいったその悲しい状況を語ってくれました。同年一〇月には、アメリカ軍の那覇市大空襲があり市街の九〇パーセントが焼失しました。

集団自決は肉親による殺人

アメリカ軍は一九四五年三月二六日、慶良間《けらま》諸島への上陸を開始しました。座間味《ざまみ》島ではその日から集団自決が始まっています。島でお会いした宮城初江さん（戦争当時二四歳）は、仲間五人で輪になって手榴弾を爆発させようとしたが不発だったので助かったと語ってくれました。座間味では一七二名が自決しています。

渡嘉敷島で会った仲村初子さんは、集団自決の時は二二歳。頭を何かで打たれ気を失っていたが七日後に息を吹き返し、死体の中からはい上がったそうです。

集団自決は殺人です。親が子を、夫が妻を殺し最後に残ったものが自決するのです。初子さんの頭には大きな傷がありました。父親がクワで打ったと考えられます。その父親は自決しているのです。渡嘉敷島では三二九名が自決しました。

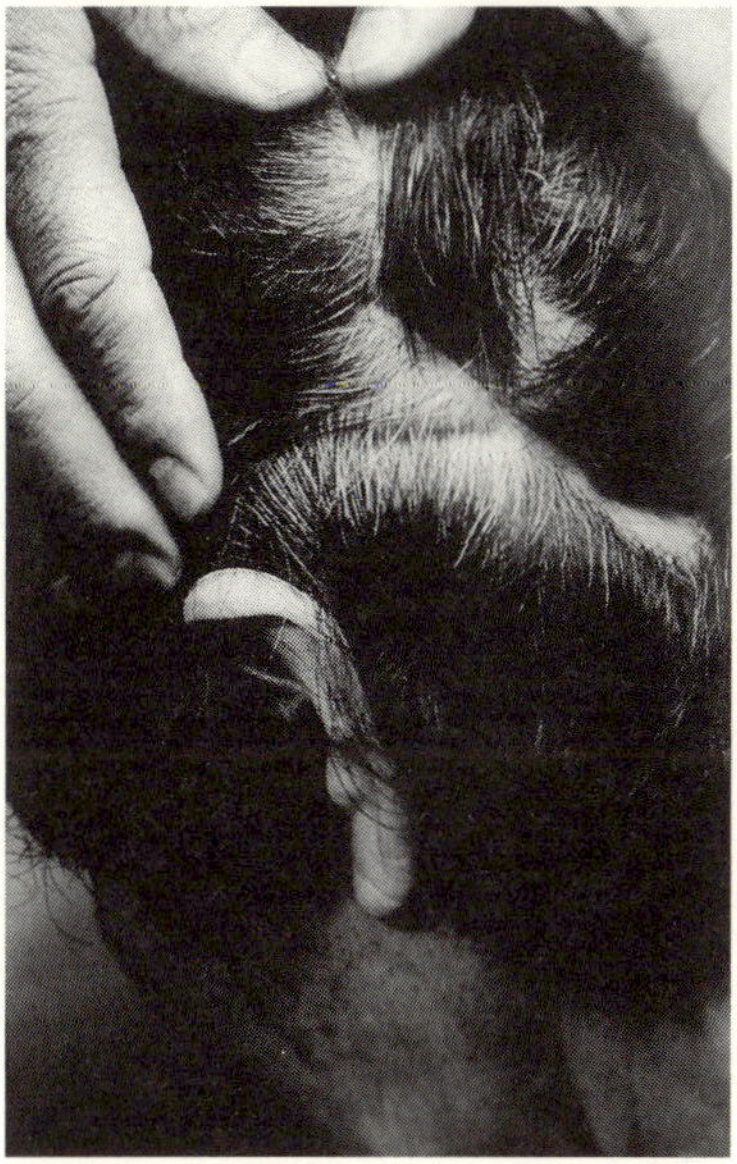

「集団自決」生存者仲村初子さんの頭に残るクワで打たれたと思われる大きな傷跡。1989年

検定意見書を出した人々、その削除教科書で学ばせようとした文部科学省の人たちは、沖縄戦のことをどれだけ知っているのでしょうか。日本の戦争のことについてどれだけ知っているのでしょうか。私は大きな疑問を持っています。

（二〇〇七年一一月）

3　『沖縄ノート』裁判に判決

集団自決に「軍は深く関与した」と

岩波書店から出版された大江健三郎著『沖縄ノート』（一九七〇年）、家永三郎著『太平洋戦争』（一九六八年）の集団自決に関する記述に対し、名誉を傷つけられたとして、座間味島元戦隊長と渡嘉敷《とかしき》島元戦隊長の遺族が二〇〇五年、岩波書店と大江健三郎氏に出版差し止めと二〇〇〇万円の損害賠償を求める訴訟を起こしました。

二〇〇八年三月二八日、大阪地裁は集団自決に「軍は深く関与した」として原告の訴えを退ける判決を下しました。私は以前からこの裁判の成り行きを注目していました。裁判で論点の場となった座間味島、渡嘉敷島へ一九八九年に行って集団自決の生存者を取材したからです。

「軍の関与」に深い関心を

肉親で殺し合ったり手榴弾で自決したりすることが、どれほど悲惨なものか、生き残った人の話を聞いていて思わず涙で目がくもってしまいました。ほかに集団自決のあった伊江島、読谷村のチビチリガマの生存者にも会いました。

集団自決は沖縄だけでなく一九四四年、アメリカ軍が上陸したサイパン、テニアンでも生じています。当時、南洋群島には約六万人の沖縄人がいましたが、太平洋戦争で約一万三〇〇〇人が犠牲になっています。その中に多くの集団自決者が含まれているのです。
二〇〇一年、沖縄からの慰霊団と共にサイパン、テニアンへ行き、集団自決の生存者に当時の話を聞きました。私は以前から、集団自決は「軍の関与」によるものと考え、二〇〇八年の高校歴史教科書の検定問題と今度の裁判に対し文部科学省と裁判所がどのような考え方を示すか関心をもっていました。

座間味島の忠魂碑。村民は米軍上陸前から忠魂碑前に集まれと言われたら「集団自決」を自覚していたという

各新聞の見解はどうだったか

『沖縄ノート』裁判の地裁判決に対し、各新聞はどのように反応したでしょうか。記事の扱いや内容にそれぞれ違いがあって興味深く読みましたが、社説の見出しと印象に残った部分を列記します。

朝日新聞『司法も認めた軍の関与』……「驚かされたのは、元隊長の法廷での発言である。『沖縄ノート』を読んだのは裁判を起こした後だったと述べたのだ」「一部の学者らが原告の支援に回ったのも、この提訴を機に集団自決についての歴史認識を変えようという思惑があったからに違いない」「罪深いのは、この裁判が起きたことを理由に、昨年の教科書検定で、〈日本軍に強いられた〉という表現を削らせた文部科学省である」。

毎日新聞『軍の関与認めた意味は大きい』……「判決は、当初の検定意見に見られる文科省の認識のあやうさに疑問をつけた形で、文科省として反省と検証が必要である」「国民を守るべき軍隊が戦闘を最優先目的として国民に犠牲を強いた構図が浮かび上がり、沖縄県民が共有する不信を裏付けたことになる」。

読売新聞『軍命令は認定されなかった』……「〈自決命令それ自体まで認定することには躊躇《ちゅうちょ》を禁じえない〉とし、命令についての認定は避けた」「史実の認定をめぐる状況が変わらない以上、〈日本軍による集団自決の強制〉の記述は認めないという検定意見の立場は、妥当なものということになるだろう」「この裁判でも原告が争っている核心は、〈命令〉の有無である。原告は控訴する構えだ。上級審での審理を見守りたい」。

産経新聞『論点ぼかした問題解決だ』……「教科書などで誤りが伝えられている。日本軍強制説を追認しかねない残念な判決である」「日本軍の関与の有無は訴訟の大きな争点ではない。軍の命令の有無という肝心な論点をぼかした分りにくい判決といえる」「作家の曽野綾子が渡嘉敷島などを取材してまとめたノンフィクション『ある神話の背景』で『鉄の暴風』『沖縄ノート』の記述に疑問を提起し、それらを裏付ける実証的な研究も進んでいる。今回の判決は、これらの研究成果もほとんど無視している」。

日本経済新聞は社説では取り上げてなく、私が今住んでいる長野の信濃毎日新聞は『〈軍の関与〉を明快に』、故郷の沖縄タイムスは『史実に沿う穏当な判断』として三月二八日の夕刊から引き続き一面、社会面で大きく扱っていました。

（二〇〇八年四月）

4 『沖縄ノート』裁判の二審

日本軍の関与は否定できないと

沖縄戦において「集団自決」のあった座間味島の日本軍元戦隊長と渡嘉敷島の日本軍元戦隊長の遺族が、岩波新書『沖縄ノート』の、日本軍が「集団自決」命令を出したという記述は誤りとして、著者の大江健三郎氏と出版した岩波書店に、慰謝料を求め、刊行の中止を提訴しました。

この件に関して、二〇〇八年の三月、大阪地裁は「軍は深く関与した」と原告の訴えを退けました。原告は判決を不服として控訴しましたが、同年一〇月三一日、大阪高裁は元戦隊長側の控訴を棄却しました。私は第一審判決通り、沖縄の「集団自決」に日本軍が深く関わっていたと思っています。私が直接聞いた「自決」未遂の人も軍から手榴弾を渡されていました。そして日本の戦争に関する取材、ベトナムやカンボジアほかの戦争を見て「軍隊は民間人を守らない」「部隊がいるために民間人が犠牲になる」と考えています。

平和な島・沖縄が戦禍の島に

一九四四年の夏、沖縄守備軍として第三二軍が配備されると、すぐ那覇大空襲を受けました。守備軍の目的は持久戦にして時間をかせぎ本土決戦に備えることでした。そのために戦争が長びき沖縄人の犠牲が増えました。

沖縄戦での沖縄人の死者は、一般民間人九万四〇〇〇人、軍人・軍属二万八二二八人計一二万二二八人。当時の総人口は約六〇万、本島では四人弱に一人が犠牲となりました。軍人・軍属といっても急遽《きゅうきょ》召集された少年、老人や中学生以上の男子や女子学生も含まれていたのです。私の祖父も六〇歳で徴用され戦死しました。

沖縄に送られてきた第二四師団、第六二師団の兵士たちは、中国大陸で戦闘を重ねていました。中には中国で住民を殺した兵士もいたと思います。沖縄人に対する差別感を持つ兵士もいたという住民の証言があります。そういった兵士がアメリカ軍に投降しようとした沖縄人を、少なからずスパイ容疑で射殺しています。

「自決とは呼びたくない」

兵士たちはアメリカ兵に強い敵対心を持っているのは当然です。その兵士たちから、アメリカ兵に捕まったら「女性は暴行された後にひどい殺され方をする」「子どもは地面にたたきつけられて殺される」「男性も股を裂かれたり、戦車に轢《ひ》きつぶされる」などの流言がとび、その恐怖感が住民に広がりました。

また、兵士たちに染み込んでいた「生きて虜囚《りょしゅう》の辱《はずかしめ》を受けず、死して罪禍の汚名を残すこと勿《なか》れ」、捕虜になるよりもいさぎよく死になさいという戦陣訓が、兵士から沖縄人に広がりました。戦陣訓は一九四一年に東条英機陸軍大臣が軍に伝えました。渡嘉敷島で会った生存者は、「この惨劇まで追い込んだ皇民化教育や軍隊の行動を憎み、自決とは絶対に呼びたくない」と言っていました。

アメリカ軍が上陸してきても日本軍がいなければ戦闘とはならず、人々の犠牲もなく文化遺産も破壊されず、もちろん「集団自決」もなかったと私は考えています。

教科書検定から「軍の強制」を削除

この「集団自決」に関する裁判であらためて『沖縄ノート』を読み返しました。沖縄が本土復帰前の一九六九年に書かれた本です。

薩摩藩の侵略や琉球処分にも触れ、本土復帰とは何か、アメリカ軍基地とは何か、日本人は沖縄人に何をしたかなど自己に問うような形で大江さんが沖縄に温かい気持ちを込めて書いています。本の中で座間味島・渡嘉敷島の「集団自決」に触れた部分は一六行だけです。二人の隊長の名はなく、この本の主題は「集団自決」ではありません。

原告の座間味島元戦隊長・梅澤裕氏、渡嘉敷島元戦隊長・赤松嘉次氏の遺族と、原告を支援する藤岡信勝・拓殖大教授（新しい教科書をつくる会会長）ほかの人々の、本の出版中止要求は、『沖縄ノート』に共鳴する私たち沖縄人の気持ちをも否定することになります。

高校歴史教科書検定での「集団自決」に関する「軍の強制」の削除も、原告側の主張が根拠の一つになったと言われています。大阪高裁の判決後、原告側は「教科書検定で教科書から軍の命令や強制が完全に削除されたことは、訴訟の目的を達した」との談話を出しています。

この言葉は「集団自決」から生き残った人々、遺族につらく響いたと思います。（二〇〇八年一二月）

5　わずかな参謀の計画で多くの命が奪われた

一九四一年、なぜ、海軍は真珠湾を攻撃し太平洋戦争を開始したのか――当時、海軍の作戦をたて実行を命令する軍令部の中枢にいた参謀を中心に、元将校たちが、月に一度約四〇人集まって反省会を開きました。反省会は一九八〇年から一九九一年まで一三一回続いたそうです。

その時に録音されたテープを基に製作されたＮＨＫスペシャルが、二〇〇九年八月九日から三日間放送されました。反省会参加者の発言の表情はなく音声だけですがカッコ内のその声から日本の戦争を考えたいと思います。

陸軍中心の太平洋戦争開戦計画とは

これまでに読んでいた資料から、私は太平洋戦争開戦の原因は次のようなことによるものと考えていました。簡単に記すと、日中戦争で中国を支援していたアメリカは一九四〇年、日本軍の仏印（ベトナム）進駐、ドイツ・イタリアとの三国同盟に対し、日本の在アメリカ資産の凍結、屑鉄・鉄鋼・石油の輸出禁止という制裁措置をとりました。日本の工業資源のほとんどが輸入に頼っており、その時、重油の備蓄は一ヵ月半、軽油は一ヵ月しかなかったそうです。資源の自給自足による自存自衛の確立、大東亜新秩序の建設を目的とした南方進出が陸軍中心となって計画されました。

　しかし、石油の自給といってもインドネシアの石油資源の確保を念頭にしたものですから、これは侵略戦争です。そして、欧米からの解放を目的とした大東亜共栄圏構想ではアメリカだけでなくイギリス・オランダ・オーストラリアとも戦わねばなりません。

　一九四一年一一月二六日に送られたコーデル・ハル国務長官の、「満州国」を認めず、日本軍の中国からの撤退、三国同盟破棄などを要求した『ハルノート』も開戦を決定づけたようです。太平洋戦争は海軍との共同作戦でないと成立しません。アメリカに武官として駐在経験があった山

ハワイの真珠湾攻撃により沈められた戦艦アリゾナの煙突部分。海上の記念館には戦死した米兵の名が並んでいる。1991年

本五十六連合艦隊長官、永野修身軍令部総長、それに米内光政海軍大臣など海軍の中心人物たちは、アメリカの国力を知っているのでアメリカとの戦争には反対していたようです。それが、開戦が避けられない状況になってくると、山本長官は真珠湾攻撃が実行されない時は長官を辞任すると言ったとのことです。永野総長は天皇に開戦を進言しています。

軍隊では自由なく上官の命令は絶対です

ＮＨＫスペシャルで放送された反省会のテープの音声の一部を再現します。

「海軍が開戦に賛成したのは陸軍の強硬姿勢にあった」「陸軍は中国で数十万の兵士が戦死している、いまさら撤退できない、と言った」「海軍がアメリカと戦争できないと反対したら海軍は弱腰と陸軍はクーデターを起こしその支配下におかれただろう」「海軍はアメリカとの対立をあおり軍備を拡大させた。いまさら戦えないとは言えなかった」「どうせ戦争をするなら少しでも勝目のある時にと考えた」「戦争は避けられた。クーデターが起こっても海軍が反対すれば戦争にはならなかった」「長期的視点もなく、勝算もないまま戦争をした」「十分に計算もせずどんどん勢いに流された」「全体の流れの中で一個人は反対できない空気があった」「海軍・国家という考えの中で国民の命が見えなくなっていた」。

このような会話を聞いていると、陸軍との勢力争いや、上官の命令が絶対優先される軍隊という組織の中で自由な発言ができないこと、戦争で失われる命が考えられなかったことなどがわかります。

第二部では陸海軍合わせて五〇〇〇人以上が戦死した特攻作戦が論じられています。

「軍の上層部には人の命は消耗品という考え方があったのではないか」「特攻で戦争に勝つと思っていたのか」「必ず死ぬ特攻が間違っていると思っても軍という組織では何も言えない。言えば国賊とされた」。

第三部は極東裁判です。軍の最高幹部が戦犯として処刑されないよう部下たちが配慮した。その結果、海軍上層部では一人も処刑されず、現地で戦闘に参加したB・C級戦犯が二〇〇人以上も死刑になったということです。

軍隊では上官の命令は絶対です。海軍軍令部は天皇の直轄機関で軍令部総長がトップとなり、第一部一〇人の参謀が作戦をたてたそうです。その机上の作戦によって多くの命が失われたのかと恐ろしくなりました。

陸軍も同じ。参謀本部のたてた無謀な作戦でガダルカナル、インパール、フィリピンそのほかで大勢の兵士たちが戦わずして飢え死にしました。NHKスペシャルを見ながら私はガダルカナルの森林で夢と希望を奪われて死んでいった兵士たちに黙禱したことを思い出しました。

（二〇〇九年九月）

6　個人のウソと政府のウソ

ウソは個人がつくウソだけでしょうか

二〇〇六年、秋田県で九歳の少女の死体が川から発見され、母親が子どもは殺されたかもしれないと目撃者の情報を求めるビラを配布しました。その後、母親の家の近所に住む七歳の男の子の死体が見つかり、母親に殺人の疑いがかかりました。

母親のテレビインタビュー番組を見ましたが、長い時間にわたって自分の娘や、隣の男の子について語っている様子を見ていて、その母親が犯人とは思えませんでした。

しかし、母親は逮捕され男の子の殺人を認め、あのテレビカメラの前で話していたことがウソだったとわかった時、かなりの衝撃を感じました。殺人を犯した人間が、あれほど堂々とウソをつくことができるのかと、人間が信じられない気持ちになったからです。

二〇〇八年四月、江東区のマンションに住む女性が行方不明となった時、同じ階に住んでいる男性がテレビのインタビューに答えている様子を見ましたが、後にその男性が女性を殺しバラバラにして捨てたと知った時、秋田の事件と同じように、どうしてあのように平然とウソがつけるのだろうと思いました。

私たちの目には触れませんが、全国の警察の取調べ室では犯罪者のウソとそれを追及する刑事とのやりとりが毎日のようになされているのだろうと思います。逆に警察のウソによって冤罪《えんざい》で処罰された人たちもいます。

秋田県の母親と江東区の男性は、いたいけな子どもと若い女性の尊い命を奪って、自分は犯人でないかのようにウソをついていましたが、戦争でも軍の幹部と政府のウソによって大勢の市民と兵士の命が奪われてきました。

中国・瀋陽郊外の柳条湖。中国人によって倒された「満州国」建国記念碑。その向こうで元満州鉄道の軌道を列車が走る。1988年

一九八八年に中国の旅をした時、瀋陽の郊外にある「柳条湖事件」の跡を訪ねました。そこには当時建てた「一九三二年三月一日・満州国建国記念日」の碑が倒されたままになっていました。

「柳条湖事件」とは一九三一年九月一八日、中国人によって満州鉄道の線路の爆破と列車の脱線が計画されたという事件でした。そのことを理由に日本軍が出動して満州一帯を占領し、翌年、「満州国」建国が宣言されました。後にこの事件は日本軍が計画したウソであることがわかりました。

ウソの発表がそのまま新聞の記事となりました。手元には朝日新聞の資料しかありませんが、ほかの新聞も同じような記事だったはずです。

ウソと「口実」が招く戦争の数々

一九三一年一月一九日付の朝日新聞は、「(前略)支那兵が満鉄線を爆破し我が守備兵を銃撃したので我が守備隊は時を移さずこれに応戦し(中略)北大営の一部を占領した」という記事を大きく掲載しています。

中国・太平洋戦争では、このように日本軍のウソの発表がそのまま新聞の記事となりました。手元には朝日新聞の資料しかありませんが、ほかの新聞も同じような記事だったはずです。

この時の中国の旅では北京に近い盧溝橋《ろこうきょう》にも寄りました。一九三七年七月七日に夜間訓練している日本軍が十数発の銃撃をされたとして日本軍は反撃しました。七月九日の朝日新聞には、「我軍・不法射撃を反撃」「我軍龍王廟を占拠」など大きな活字の見出しが並んでいます。この「盧溝橋事件」を機に日中全面戦争となりましたが、盧溝橋では最初に誰が何のために銃撃したのか、いまだに明らかになっていません。

ベトナム戦争では一九六四年八月二日、四日と北ベトナム沖のトンキン湾をパトロール中のアメリカ海軍駆逐艦が北ベトナム魚雷艇から攻撃を受けた報復としてアメリカ軍は北ベトナムを爆撃しました。八月五日の朝日新聞夕刊には「トンキン湾で再び交戦」という大きな見出しがついています。これはアメリカの軍と政府の発表を記事にしたからです。私は、八月八日にベトナムへ行きましたが、この時は、アメリカ軍の報復爆撃と思っていました。しかし、四日の魚雷艇の攻撃はなく、これは爆撃の口実とするウソであることが後になってわかりました。

アメリカ軍は五ヵ月も前から爆撃の準備をしていたのです。だから、北ベトナム魚雷艇の攻撃がなくとも、そのうちに何かの「口実」をつくって爆撃したでしょう。日中戦争では「盧溝橋事件」がなくとも、やはり別の口実をつくって大攻撃をしかけたと思います。

イラク戦争ではイラクが大量破壊兵器を準備していることを「口実」にアメリカは攻撃しました。しかしイラクで大量破壊兵器は見つからず、アメリカのウソが明らかにされました。どの国も政府はウソをつきます。

（二〇〇八年六月）

7　政府はまたウソをついた

結果として裏切られた気持ちに

「沖縄返還『密約』『不開示』を通知」の見出しで、二〇〇八年一〇月一八日付の朝日新聞は「密約」問題を報じ、沖縄タイムスは、社会面トップと一面でこの問題に触れています。

沖縄返還交渉時の一九六九年、一九七一年に日米間でとり交わされたとする秘密文書の公開を、当時毎日新聞の記者だった西山太吉さんたち六三人が求めたことに対し、政府文書は存在しないという回答の記事でした。

沖縄タイムスの記事は「政府はまたうそをついた」という出だしから始まっています。情報公開請求者代表、元共同通信社の原寿雄さんは、「政府が密約を認めるチャンスだったが、残念ながら態度

期待外れの本土復帰。基地はそのまま残った。復帰の日、国際通りをデモ行進する市民。1972年５月15日

を変えなかった。国際的にも非常識」、西山さんは、「日米両政府の最高責任者がサインをしている文書がないという、政府が公式にうそをついた」との談話を発表しています。

私も密約問題には一九七二年の沖縄返還時から深い関心を持ち、この時の政府の対応に注目していましたが、「文書を作成した事実も確認できない」という返事には大変がっかりしました。当時は国家の秘密上「文書はない」とした政府も、三五年以上たった今、反省して公開するのではないかと思ったからです。日本の戦争中、私たちは政府のうそによって誤った戦争にまき込まれ多くの犠牲が生じました。だからうそをつかない政府を期待しています。でも結果として裏切られた気持ちです。

四〇〇万ドル肩代わりの疑問

この密約というのは、アメリカの施政下に置かれていた沖縄の返還交渉の中で、戦後、アメリカの費用で造られた、電力・水道施設などの費用一億七五〇〇万ドル、基地で働く労働者の退職金など七五〇〇万ドル、核兵器撤去費など七〇〇〇万ドルをアメリカに支払うということに関する問題です。

アメリカが沖縄の土地を基地として使用する際の、日本と取り交わしてある協定文の四条3項に、基地返還の時はコンクリートを敷いたりした土地を元の農地に戻す復元補償はアメリカが支払うことになっていました。

しかし、アメリカは沖縄返還ではお金は一ドルも支払わないと議会で約束してあるとして四〇〇万ドルの復元補償を拒否しました。そこで日本が四〇〇万ドルを肩代わりして、アメリカの要求が三億一六〇〇万ドルだったところ、四〇〇万ドルを加え、三億二〇〇〇万ドルとした秘密の交渉があったのではないか、という問題が生じました。

アメリカ側は払わないというたてまえ、日本は協定文通りアメリカに払ってもらうという形にしたい――このずれをどうするかの交渉が一九七一年五月愛知外相、マイヤー駐日大使と交わされ、外務省とアメリカの日本大使館との間に公電がゆきかったといいます。

当時、毎日新聞の西山記者が、外務省の蓮見喜久子事務官から極秘とされた公電を入手して記事にしました。この公電が西山記者から社会党の横路孝弘議員に渡されて、横路議員は国会で四〇〇万ドル肩代わりの件を政府に追及しました。これに対し、佐藤栄作首相、福田赳夫外務大臣、吉野文元外務省アメリカ局長は、肩代わりや公電、文書の存在を否定しました。そして、蓮見事務官は国家公務員法違反（機密漏洩《ろうえい》）、そして西山記者は極秘文書持ち出しをそそのかしたとして逮捕されました。西山記者は「国民の知る権利」を主張し裁判で争い、一時は無罪となったものの、検察側が上告し、懲役四ヵ月執行猶予一年となり、蓮見事務官は争わず懲役六ヵ月執行猶予一年を受け入れました。

うそが与える子どもたちの大人への不信

アメリカが払うべき四〇〇万ドルを日本が税金を使って肩代わりし、しかも、そのようなことはしていないとうそをつく政府に、事実を正すべく裁判になるのであれば納得できます。それが逆になって、検察側は西山記者と蓮見事務官の男女関係と文書漏洩を問題にしました。裁判の始まる前の七一年には、ニューヨークタイムズがアメリカのベトナム政策の秘密文書を掲載したことに対し、アメリカ政府は連載中止を訴えましたが連邦地裁はニューヨークタイムズの知る権利を認め連載が続けられただけに、日本とアメリカの報道に対する裁判所、国民の関心の違いを感じました。

現在では秘密文書はアメリカでは公開され、吉野文六氏も秘密文書があったことを認めています。それにもかかわらず、今もって政府は「文書は存在しない」と回答しました。

こうしたことが、日本だけでなく世界の日本政府への不信、ひいては子どもたちの大人への信頼感に影響してくるものと思います。

（二〇〇八年一〇月）

8　不発弾の不安はなくならない

不発弾爆発の多くは沖縄戦で

二〇〇九年一月一四日、沖縄県の糸満市で水道工事のショベルカーが穴を掘っている時に不発弾が爆発しました。ショベルカーを操作していた古波蔵純さん（25）が顔や頭に重傷を負い、現場近くの老人ホームに入所していた七五歳の男性が軽傷を負いました。

爆発したのは沖縄戦当時、アメリカ軍が投下した大型爆弾のようです。爆発現場附近は老人ホームのほかに住宅がなかったので人的被害は二人にとどまりました。

戦争の後遺症、沖縄県庁前での不発弾除去作業

テレビニュースで見ましたが、老人ホームの爆発側にあった部屋の窓ガラス一〇〇枚が粉々に割れていました。ちょうど朝食時間で入所者は食堂に移っていたそうですが、もし部屋にいたら窓ガラスの破片で負傷者が増えていただろうということです。

幼稚園児の死に沖縄戦の悲劇が

私は戦争の後遺症に注目しています。戦争が終わっても肉体的、精神的な傷は深く残ります。日本では原爆症、沖縄の集団自決生存者の精神的後遺症もその一例です。

ベトナムでは枯葉剤による障害児がいまだに誕生し、カンボジアでは地雷による負傷者の問題が深刻です。

沖縄の不発弾は今後にも不安を残しています。一九九二年五月、本土復帰二〇周年の取材で県庁へ行き不発弾について聞いた時、「沖縄戦で使用された爆弾、砲弾などの総弾薬量は二〇万トン。そのうち五パーセントの一万トンが不発弾となったと推定している。戦後七〇〇〇トンが撤去され、まだ三〇〇〇トンが残っていると考えられる。これまで一年に約五〇トンが撤去されており、今後、そのペースでいくと沖縄から不発弾がなくなるのは六〇年後という計算になります」と係員は言っていました。

復帰後から、冒頭に紹介した件も含めて一二件の不発弾爆発が生じ、六名が死亡、四九名が負傷しています。中でも一九七四年三月二日、那覇市小禄《おろく》の幼稚園がある住宅地で起こった爆発では、園児を含む四名が死亡し三四名が負傷。人々は沖縄戦の悲劇をよみがえらせました。

一九七五年、七六年、八四年の爆発でも、合わせて小学生七名が重軽傷を負っています。沖縄では敗戦後、不発弾による死傷者が続出しました。生活費を得るために爆弾や砲弾から火薬を抜いてスクラップを売ろうとした時の爆発事故が多かったのです。私の友人のお父さんは、伊江島で爆弾のスクラップ処理をしている時の爆発で死亡し、もう一人の友人の兄さんは、海中に沈んでいた爆弾を引き上げようとしている時の爆発事故で命を失いました。

私は、実際に沖縄で自衛隊が不発弾の撤去作業をしている現場を撮影したことがあります。不発弾の周囲に土のうを積み信管を外す作業をするところでした。

現在でも時々、新聞に不発弾処理の危険区域を知らせる記事が掲載されます。一月三〇日の記事は、那覇市西原町の坂田小学校近くでアメリカ軍の砲弾が見つかった、その処理のために周囲の五〇世帯の人々は銀行の駐車場に避難するという内容でした。周辺の道路は交通規制されるので、新聞を読んだ人は撤去作業している地域の道を避けます。

現在の処理ペースでは八〇年もかかる

不発弾に関する最近の県の報告では、推定された一万トンの不発弾のうち二〇〇七年までに七二六〇トンが処理され、五〇〇トンは海中や山中の「永久不発弾」として計算し、残りは二三〇〇トンと推定しています。

一七年前に県庁で聞いた時は、年間平均五〇トン不発弾処理がされているとのことでしたが、最近は発見が少なくなり、二〇〇七年は七八一件、二五・四トンだそうです。このペースでいくと不発弾がなくなるのは八〇年以上先のことになります。しかし、この計算も推定に過ぎないので実際には私たちの次の世代、またその次の世代まで不発弾の不安は続くことになります。

沖縄の五六倍、総弾薬量一一二七万トンが使用されたベトナム戦争、イスラエルの攻撃を受けたレバノン、パレスチナ・ガザ地区、現在も進行しているイラクやアフガニスタンの戦争でも不発弾の不安が残ります。

（二〇〇九年一月）

（二〇一六年六月、沖縄県によると、不発弾の残は推定二〇三三トン、一年の撤去処理平均三〇トン、全部撤去には推定あと七〇年の計算になるということでした）

9　新嘉手納爆音訴訟に判決

軍用機の騒音に苦しむ基地住民

沖縄にあるアメリカ軍嘉手納基地は、沖縄市・嘉手納町・北谷町にまたがって面積は一九九五ヘクタール、羽田空港の約二倍もある巨大基地です。戦闘機・対潜哨戒機・大型輸送機など約一〇〇機の軍用機が駐留して周囲の住民たちは騒音に苦しんでいます。

私も何度か嘉手納基地の撮影に行ったことがありますが、戦闘機が着陸するかしないかのうちにまた飛んでいく、タッチ・アンド・ゴーを繰り返す訓練の時の音のすごさに驚き、周辺で生活している人は大変だろうなと思いました。

ベトナム戦争中、ベトナムの各地にアメリカ軍基地があり、中でもダナン、タンソンニャット、ビエンホアの基地は最大級の規模で、実際の爆撃に向かう戦闘機や武装した兵士たちを乗せた輸送機、各種ヘリコプターが騒音を轟《とどろ》かせていました。沖縄のアメリカ軍基地を見るといつもベトナム戦争を思い浮かべます。

「W値」を認めるも飛行差し止めを認めず

日常生活においてどのくらいの騒音が精神、聴覚に悪い影響を与えるのか、その尺度を計る「うるささ指数（W値、四七ページ参照）」というのがあります。いま、日本の全国で航空機の騒音訴訟でW値七五以上が問題となっています。環境省で定めている航空機騒音の基準は住宅地ではW値七〇以下となっています。嘉手納基地周辺のW値七五から九五までの分布図を見ると、滑走路の両側の延長線下の住宅地が九〇～九五となっています。

嘉手納基地の周辺、道路や民家の頭上を飛ぶ軍用機。
騒音と墜落の危険は基地がある限り続く

一九八二年、嘉手納基地周辺に住む九〇六人が、午後七時から午前七時までの飛行の差し止めと騒音による損害賠償を求めて提訴しました。一九九四年、那覇地裁沖縄支部はW値八〇以上の場所に住む人の賠償を認めるが、飛行差し止めは認めないという判決を下しました。これに対し、「静かな夜」を望む人々は、飛行差し止めとW値七五を認めるよう求めて福岡高裁那覇支部に控訴しました。一九九八年、福岡高裁那覇支部は、W値を七五に下げて賠償を認める判決が確定しました。しかし、飛行差し止めは認めませんでした。

難聴に関して因果関係は認めず

この訴訟は一応、終わりましたが、二〇〇〇年、再び沖縄市・具志川市（現うるま市）・嘉手納町・北谷町・読谷村に住む五五四二人が、損害賠償と飛行差し止めの新嘉手納爆音訴訟を提訴しました。爆音によって聴力に支障をきたしたとする四名も含まれています。二〇〇五年、那覇地裁沖縄支部はW値を八五に上げ、難聴と騒音の因果関係を認めないと判決しました。原告の人々は控訴し、二〇〇九年、二月二七日の判決で福岡高裁那覇支部は国に対しW値七五以上の五五一九人に五六億二七〇〇万円の支払いを命じました。難聴に関しては騒音との因果関係を認めませんでした。

飛行差し止めの要求に対して、「アメリカ軍機の離着陸は日本政府の支配が及ばない」という最高裁の前例判決を基にして棄却しました。また原告のうち二一名は一九九九年以降、W値は最大六六にとどまり一日の騒音回数も二～四回として賠償請求は退けられました。

アメリカに物言えぬ日本政府の弱腰

原告の人々が心から求めているのは「せめて夜だけでも静かに過ごしたい」という願いです。これまで国が被告となった裁判で、裁判所は一般市民より国側につくと感じることがたびたびありました。大きな問題となると腰が引けてしまうように思います。

日本に駐留するアメリカ軍との間に決められている日米地位協定では、アメリカ軍用機の騒音で賠償を払うようになった場合、アメリカは賠償金の七五パーセントを負担することになっていますが、これまで支払い判決のあった厚木基地、横田基地など九件の賠償金も、安保条約上の日本側の責任として支払いに応じず日本が立て替えています。この場合も、騒音で住民に迷惑をかけているのはアメリカの軍用機なのだから、賠償金を払えと強く言えない日本政府の弱腰を感じます。二〇〇九年の判決に対し、飛行差し止めを求める人や賠償の対象から外された人々など約四六六人が上告しました。今後の裁判の行方に注目したいと思います。

嘉手納基地爆音差し止めの裁判は、現在も引き続き行われています。二〇一五年七月に行われた第一七回口頭弁論では、町面積の五二・九パーセントが米軍基地となっている北谷町の野田昌喜町長が、爆音被害、経済発展の阻害、米兵・軍属の事件被害を訴えています。その後、一八回から二〇回まで、市民がそれぞれに、爆音も含め基地被害を証言しています。

また、第三次嘉手納基地爆音差し止め訴訟原告団は、二〇一六年四月二八日、元海兵隊員の軍属による強姦・殺人事件に対し、六月一日付で内閣総理大臣、外務大臣、防衛大臣、国土交通大臣へ、普天間基地の即刻閉鎖、辺野古基地断念の要請書を送っています。（二〇〇九年三月、二〇一六年六月）

10　児童の命を奪う悲劇

一九五九年六月三〇日、沖縄県石川市（現うるま市）の市街地に、嘉手納基地を飛び立ったジェット戦闘機が墜落して児童一二人、一般市民六人が死亡、二一〇人が重軽傷を負うという悲惨な事故がありました（亡くなった児童の数は、事故当時は一一人だったが、一九七六年に後遺症で亡くなられた方が一人おられ、今日では死亡児童数は一二人とされている）。この事件の時、私は毎日新聞社の子会社の毎日映画社でニュースカメラマンの助手をしていました。

私は四歳の時に沖縄を離れてから、一九五七年に一四年ぶりに沖縄へ帰り、初めてアメリカ軍の基地を見て大きなショックを受けました。

沖縄戦の時、私は本土にいましたが、沖縄にアメリカ軍が上陸して、多くの沖縄人が死んだということは、何となく両親の雰囲気からも伝わってきました。しかし、その時、小学二年生だったので、まだ沖縄の悲劇を深刻に受け止める判断力はありませんでした。

久しぶりの故郷でしたが、幼かった頃、かすかに記憶に残っていた美しい沖縄はなくなり、廃墟の中に立つ小さな家と大きなアメリカ軍基地という印象が強く残りました。

ジェット戦闘機墜落で大勢の小学生が死傷したというニュースは、故郷の悲しい事故として暗い気持ちになったことを覚えています。

封じ込めてきた墜落の惨事

二〇〇九年の六月三〇日は、アメリカ軍機墜落事故から五〇周年でした。宮森小学校では全校児童、遺族、当時の在学生などが参列して追悼集会が行われました。私は翌日、宮森小学校へ行き、当時、二年生で事故を体験した平良嘉男校長から話をうかがいました。

「とても暑い日でした。ちょうどミルクの給食の時間が始まっていて私もミルクを飲もうとした瞬間、何かが落ちるすごい音がしました。何が起こったかわからず呆然としていたら、女の先生の叫ぶ声や生徒の泣く声などが聞こえ、天井から火の粉が降ってきました。窓から外を見ると真っ赤な炎が見えました。外へ出ようと出入り口の方へ行くと真黒になってちぢこまったような死体があったけど男か女かもわかりませんでした」。

亡くなった児童の写真を飾った「630」臨時館の教室と平良嘉男校長。2009年

戦闘機は墜落してバウンドし、ジェット燃料を流しながら滑るように、六年三組の教室に突っ込み炎上。墜落した時に飛び散った破片と燃料が燃える、火の海の中で、犠牲者が増大したそうです。実は平良校長は事件のことがずっと心の傷として残り、「当時のことは考えたくないと、これまで追悼式も出席せず、宮森小学校にも近寄らないようにし、事故についても人にも話さず、四四年間自分の中に封じ込めてきました」。

二〇〇八年、教員として母校に戻った時、職員から来年は墜落五〇周年と知らされたそうです。

平和の尊さを語り継ぐ「630」館

「校庭に立って樹木を眺め、幼かった頃を思い浮かべたり、児童の遺族と会っている間に、戦闘機墜落事故によって尊い生命が失われた悲劇を、できるだけ多くの人に知ってもらうことが大切だと目覚めてきました」。

「沖縄戦でさえ忘れられてきている現在、戦闘機墜落事故を知る人も少なくなってきています。一一名の仲間や市民、遺族のくやしさ、無念さをわかってもらい、事故の再発を防ぐためにも資料館をつくろうと思いました」。

そして皆と相談し、宮森「630」館設置委員会ができ、当時、事故を伝えた新聞をコピーし、新聞社から提供してもらった事故直後の写真、亡くなった児童が描いた絵、事件当日とその後を撮影した琉球新報記者（当時）森口豁さんの写真などが展示されています。平良校長は教室で展示している資料をもっと増やして、本土からの修学旅行の生徒たちの平和学習ともなる資料館をつくり、その時に、宮森小学校の児童がガイドできるようにしたいという希望を持っています。

学校では毎年、追悼・平和集会を持って、命と平和の尊さを児童たちに教え、事故から五〇周年にあたって、子どもたちに「命とは何だろう」と問いかけて、教師と児童たちが語り合ったそうです。

校庭には、亡くなった児童たちのために武者小路実篤が描いた『仲良し地蔵』をパネルに刻んだ慰霊碑があります。そこには亡くなった一一名の名が並んでいます。女子が六人、男子が五人、生存していれば多くの人生を体験し、孫がいる年齢になっています。本当に残念だと思いました。校庭の周りの樹木で蝉《せみ》が鳴き、網を持った子どもたちがいました。

後日、平良校長に電話すると「良いニュースがあります。宮森『630』館の建設案が県議会文教厚生常任委員会で採択されました。大きく一歩前進です」と明るく嬉しそうな声でした。私たちも

「630」館建設に何か役に立てることがないかと思いました。

（二〇〇九年七月）

11　安倍・橋下　二人の政治家

戦犯が合祀されている靖国を考える

二〇一三年四月二三日、国会議員一六八人が靖国神社の春季例大祭に参拝しました。近年、参拝議員は毎回、三〇～八〇人ぐらいとのことでしたから安倍政権になって急増したといえます。

靖国神社は明治政府樹立後、翌一八六九年に創設されました。その後日本は一八七四年、台湾で琉球王国人が殺されたことに対し、台湾征討軍を派遣し、一八九五年には台湾を占領しました。その間に戦死した日本兵、一六四人も靖国神社に祀《まつ》られています。

一九一〇年、韓国を併合した後、抗日闘争によって戦死した日本兵も祀られました。日露戦争、日中戦争、太平洋戦争における日本軍の戦死者も靖国神社に祀られています。その中にはアジア・太平洋戦争推進の中心的役割を担ったとして現地や、東京裁判で戦犯として処刑された人々も含まれています。

犠牲を強いた人々への反省は

靖国神社内の「遊就館」には、これまでの日本の戦争が写真や文などで紹介されています。私も見ましたが、日本が国益として進めた植民地政策、アジア・太平洋戦争によって犠牲になった台湾、朝鮮・韓国、中国、アジアの人々への反省と配慮に欠けていると感じました。

韓国と中国が日本の政治家の靖国参拝を批判するのは、過去の戦争を反省していないと見るからです。靖国神社へ行く政治家は「国のために戦死した人々の慰霊は当然」と言います。

軍事力で自国の利益を得ることは侵略

安倍晋三首相は二〇一三年四月二三日、国会の予算委員会で、「侵略という定義は国際的にも定まっていない。国と国との関係でどちらから見るかということで評価が違う。政治の場でなく学者が議論するべきだろう」と答弁しています。

侵略とは何か、その判断は国際的定義や学者に任せるのでなく自分で判断すべきだと思います。私は軍事力をもって他国を自分の国の利益となるようにすることを侵略と考えています。私が見たベトナム戦争は、最高時、約五五万人の兵力を動員して親米政権をつくろうとしたアメリカの侵略戦争と思っています。日本の植民地政策、アジア・太平洋戦争も軍事力を伴ったことで侵略と考えます。

私たちの視点は、侵略戦争で犠牲になった民間人にもすえられるべきと思います。

橋下徹氏は事実と歴史を学ぶべき

二〇一三年五月三日、日本維新の会共同代表の橋下徹大阪市長（当時）は、旧日本軍の「慰安婦」

1932年９月15日、「満州国」の撫順・平頂山の村民が日本軍に殺された。その遺骨展示館。1988年

問題で、「当時は軍の規律を維持するために必要だった」と発言しました。沖縄では普天間基地司令官に、海兵隊員の性的欲求をコントロールするためにと風俗業の活用を求めました。

私は北朝鮮へ行った時、「慰安婦」だった人から直接話を聞き、日本の国益の犠牲になった彼女の人生に言葉を失いました。日本軍は中国、ビルマ（現在のミャンマー）、ラバウル・トラック諸島など行く先々に「慰安所」をつくりました（西野留美子著『従軍慰安婦』）。一九三八（昭和一三）年、武昌、漢口攻略の頃、全中国戦線に三万人から四万人の「慰安婦」が集められていたとされます（千田夏光著『従軍慰安婦』）。「慰安婦」は日本人、中国人、駐留先の国の女性がいましたが、朝鮮人が八〇パーセントと一番多かったということです。一五歳前後の若い女性たちも、日本の警官、憲兵に連行されたり「いい仕事がある」などとダマされたりして集められたとのことです。「一九四一年、関東軍は八〇〇〇人の慰安婦を集めて中国東北部へ送ったという」（吉見義明著『従軍慰安婦』）。

大部隊駐屯所の「慰安所」では、一人で五〇から七〇人の兵士を相手にしなければならなかったと証言しています。日本人による差別・虐待や、戦闘に巻き込まれての死亡、軍票で得た収入が敗戦で紙クズとなった、など私たちの想像を超える苦しみがあったのです。

安倍、橋下両氏のような考えを持つ人はいますが、二人が多数の人に支持されている日本の現状に問題があると思っています。

もう一度歴史証言と向き合って下さい

二〇一三年五月一八日、韓国人元「慰安婦」の金福童さん（87）が沖縄で話した体験が地元紙に詳しく掲載されました。一四歳の時に、「軍服をつくる工場で働くようにと言われ連れて行かれた先は広東だった」。「三〇人の朝鮮人少女がいる慰安所では日曜日になると午前八時から午後五時まで軍人が部屋の前に列をなしていた」とのことです。

金さんは、橋下発言や「慰安婦」問題で国の責任を認めない安倍政府へ怒りを露わにしています。

（二〇一三年五月）

12　航空幕僚長の歴史観に疑問

二〇〇八年一一月一日の各新聞は、一斉に航空幕僚長の更迭を報じていました。航空自衛隊のトップである田母神俊雄航空幕僚長が、過去の中国侵略や朝鮮半島の植民地支配を正当化し「我が国が侵略国家だったというのは正に濡れ衣である」などと主張した論文を発表したことに対して、政府が幕僚長をやめさせることを決めたという記事です。

南京大虐殺記念館。南京に関する写真より日本軍の中国における残酷な行為の記録が多い。1988年

歴史観で大きな違いを感じる田母神論文

田母神幕僚長はマンション・ホテル開発企業「アパグループ」が主催した「真の近現代史観」というテーマの懸賞論文に「日本は侵略国家であったのか」のタイトルで応募して最優秀賞（賞金三〇〇万円）を得ました。審査委員長は渡部昇一氏で、懸賞論文の応募総数約二三〇件のうち九七名の自衛隊員の投稿があったとのことです。

アパグループのホームページに田母神航空幕僚長の論文が掲載されていたので、全文を読みましたが、日本の戦争と朝鮮半島・台湾の植民地支配などを含めて歴史観で私と大きな違いがあることを感じました。田母神氏は私より一〇歳若い人です。

私は沖縄から千葉県に移住していましたが、疎開児童として鹿児島に船で渡ってきた兄を、一九四四年、小学一年生の時、母と迎えに行った際、静岡市の大空襲に遭い、燃える家やヤケドで運ばれる大勢の人々を目撃しました。

アジア・太平洋戦争では民間人・兵士、計三〇〇〇万人以上の日本人が死にましたが、日本軍の侵略によって中国、フィリピン、ベトナムほか多くの人が犠牲になっています。

他国の人を殺し、都市・村を破壊することは侵略

田母神氏は、「中国には日清戦争・日露戦争によって国際法上合法的に中国大陸に権益を得て、これを守るために条約に基づいて軍を配置したのである」と記しています。「満州も朝鮮半島も日本本土と同じように開発しようとした。満州帝国は一九三二年の人口三〇〇〇万人が一九四五年には五〇〇〇万人に増加した。日本政府によって活力ある工業国家に生まれ変わった」。「朝鮮半島も日本統治下で人口が二倍になったのは豊かで治安がよかった証拠。我が国は満州や朝鮮半島や台湾に学校を多く造り現地人の教育に力を入れた」「日本はルーズベルトの仕掛けた罠にはまり真珠湾攻撃を決行することになる」と記されています。

日本は明治政府発足後、一八七三（明治六）年一月、国民皆兵制度をとり、徴兵令をだし、軍事力を強化しました。一〇月には西郷隆盛ほかが朝鮮侵略の征韓論を唱えています。翌七四年は琉球人が台湾で殺されたとして軍隊を送って清国から賠償金を取りました。しかし、当時、琉球国は独立しており日本に沖縄県として併合されるのは五年後です。

その後の日清戦争、日露戦争、朝鮮併合、山東出兵、満州事変、盧溝橋事件、仏印進駐、太平洋戦争は日本の軍国主義が一つの線で結びついていたと私は考えています。

日本の戦争、植民地制度は国益のためと当時の政府と軍部は考えました。しかし、それが国益となったか。日本の国益のために奪われた尊い生命についてどう考えるのか。田母神氏や審査委員に聞きたいと思いました。

中国に大軍を送り、都市、村を破壊し、多くの人を殺害する、これを侵略といわず何を侵略というのでしょう。現在、他の国の軍隊が日本にきてそのようなことをしたら、また、自衛隊が他国へ行って同じようなことをしても侵略といわないのでしょうか。田母神氏は記者会見でも論文は正しいという認識を変えませんでした。

自衛隊に厳しい目で監視を

トップのこのような主張は部下にも影響があると思います。田母神氏も含め幹部自衛官の多くは防衛大学校を卒業しています。防衛大学校では日本の戦争をどのように教育しているのだろうかと疑問を感じました。

「大東亜戦争の後、多くのアジア・アフリカ諸国が白人国家の支配から解放されることになった」という文には田母神氏の勉強不足を感じました。ベトナムを例に挙げれば、日本は自国の都合のためフランスを武装解除し、傀儡《かいらい》政権をつくりましたが、ベトナム人たちは再支配を目指すフランスと激しい戦いの結果、独立をかちとったのです。
私たちは、田母神氏のような人が航空幕僚長となる自衛隊を厳しい目で監視していかなければならないと思います。

（二〇〇八年一一月）

13 被害者の立場を理解しない教科書

日本のアジア・太平洋戦争、植民地政策などに関する反省を「自虐的な歴史観」とした、学者・教育者による中学校教科書、育鵬社と自由社の「歴史」と「公民」、他社の教科書を読みました。それぞれの感想を書くと長くなるので、育鵬社と自由社の、沖縄、朝鮮、ベトナムに関する叙述について記したいと思います。

琉球人の立場無視する「つくる会」教科書

私の故郷である沖縄に関してですが、「琉球は一六〇九年薩摩藩の支配を受け幕府に使節を送るようになり、一方で中国の清にも朝貢していたが、幕府や薩摩藩は琉球を仲立ちとして清と貿易を行おうと考えたため、こうした琉球の立場を認めました」（育鵬社）。

この記述に非常に怒りを感じました。琉球は薩摩藩に侵略される二三七年前、明の時代から中国と交流していたのです。薩摩藩は琉球と清との貿易の搾取が目的だったのです。「認めた」というのは支配者の言葉です。

一八七四年、琉球漁民五四人が台湾で虐殺されました。「台湾を罰するのは日本の義務であるとして台湾に兵を送った」（自由社）。当時、琉球は清を宗主国としていましたが、明治政府の台湾出兵は、琉球が日本の領土であることを清に認めさせる行動でした。

一八七九年、「琉球を日本の領土とし、沖縄県を設置した」（自由社）。琉球人は日本の台湾出兵や沖縄県となることにも反対でしたが、そのような琉球人の気持ちについては両社とも触れていません。

フィリピンのマニラ市にある太平洋戦争時に犠牲となったフィリピン人の慰霊像。100万人以上が犠牲になった。過去の侵略も事実を知ることが大切。2001年

「自決」を誘導したのは日本軍です

沖縄戦の「集団自決」については、「米軍の猛攻で逃げ場を失い、集団自決する人もいました」（育鵬社）と、米軍が原因だとしています。

ベトナム戦争では村が米軍に包囲され激しい攻撃を受けている状況を目撃しましたが、「自決」はありませんでした。沖縄戦、南洋群島で「自決」が起こったのは、日本軍の「生きて虜囚の辱を受けず」ということが沖縄人にも浸

透していたこと、米兵に捕まると残虐な仕打ちを受けるという日本軍の流したデマを信じたこと、自決を促すために日本軍が手榴弾を沖縄人に渡したことなどが原因です。

歴史事実をねじ曲げる両社の教科書

沖縄の基地に関連しては、「安保条約によってアメリカ軍の駐留が認められ、日本の平和は自衛隊の存在とともにアメリカ軍の抑止力に負うところも大きいといえます。また、この条約は、日本だけでなく東アジア地域の平和と安全の維持にも、大きな役割を果たしています」（自由社）。本土、沖縄の基地が利用され、米軍によってベトナム・カンボジア・ラオス・イラク・アフガニスタンの民間人が多数犠牲になったことには触れていません。

私は、韓国・北朝鮮へ何度か行き、朝鮮民族に親しみを感じています。豊臣秀吉軍の朝鮮派兵については、「明への出兵の案内を断った朝鮮に一五万あまりの大軍を送った」（育鵬社）としていますが、侵略という文字は使われていません。

韓国併合について

「日本の安全と満州の権益を防衛するために韓国の安定が必要であると考えた」「併合後、植民地政策の一環として、朝鮮の鉄道、灌漑《かんがい》施設を作るなど開発を行い、日本語教育とともにハングル文字を導入した教育を行った」（自由社）。両社とも武力を背景に併合したと、一応記してありますが、併合後の発展を印象づけるかのように、併合時と一五年後の米の生産高、学校数、生徒数などの増加数を挙げています（育鵬社）。しかし、全耕地面積の五〇・四パーセントを三・三パーセントの日本人を含めた地主が所有し、収穫の五〇～七〇パーセントを納めた小作農民の苦しみ、強制連行を含む朝鮮人労働者の差別待遇、皇民化教育による「創氏改名」、日本人同様に徴兵された朝鮮民族の悲しみについては書かれていません。

こうしたことに触れるのは「自虐的」ではなく、被害者を思いやる気持ちで、これこそが教育に必要なことだと思います。

ベトナム戦争について

両社とも「一九七五年、北ベトナムは軍事力で南ベトナムを併合した」とあります。併合は間違いです。

ベトナムを植民地としていたフランスと、ベトミン（ベトナム独立同盟）両軍との戦闘でベトミンが勝利した一九五四年、ジュネーブ協定で五六年のベトナム総選挙が決められました。しかし、選挙を拒否し、南部にベトナム共和国を樹立させてベトナムを南北に分断したのはアメリカです。北ベトナムの政府にはレ・ズアン第一書記、ファン・ヴァン・ドン首相ほか多くの南部出身者がいたのです。南北統一はベトナム人の願いでした。アメリカの介入で多くのベトナム人が犠牲になったことは全く記されていません。

私が例に挙げた沖縄、朝鮮、ベトナムに関してだけでも、教科書の著者たちがどれだけ現地へ行って調べたのか疑問を感じます。

（二〇一一年一〇月）

第5章　アメリカの犯罪と日本支配

1　イラクの平和はアメリカ軍の撤退から

「残酷すぎる」を理由に再放送中止

一九六五年一月から六八年一二月までベトナムのサイゴン（現ホー・チ・ミン市）に住みベトナム戦争を取材しました。六五年三月、サイゴン政府軍の海兵隊に約一ヵ月間従軍して海兵隊の作戦の記録を撮影しました。

このドキュメンタリーフィルムは六五年五月九日、日本テレビから「南ベトナム海兵大隊戦記」として放送されましたが、当時の佐藤栄作内閣・橋本登美三郎官房長官の抗議などによって再放送は中止となりました。

抗議の理由は内容が「残酷すぎる」というものだった、と後で知りました。農村で捕えた解放戦線容疑者を海兵隊兵士が拷問する場面や、首を切った場面が放送されました。確かに日本にいて見てい

ベトナム戦争。反米、反政府の解放区の攻撃に向かう米軍ヘリ。1966年

ると残酷ですが、戦場ではよくあることでした。三部作でしたが二部、三部は放送中止となりました。

サイゴン政府はアメリカの支援で樹立され、政府軍は武器、兵士の給料もアメリカの支給でした。日本政府はアメリカのベトナム戦争を支持しており、サイゴン政府軍が農村を破壊し農民を虐待するような場面の番組は都合が悪いと考えたのだろうと思いました。

その時の従軍でアメリカのベトナムでの政策は間違っている、サイゴン政府はベトナムの人々の支持を得ることはできないだろうとすぐにわかりました。ベトナムの八〇パーセントは農村です。ベトナムの独立と自由を求めてサイゴン政府軍とたたかう解放戦線兵士は農民でもありました。解放軍殲《せん》滅《めつ》のために農村を攻撃するサイゴン政府軍を見て、これでは「敵」を増やしているようなものだと思いました。

サイゴン政府軍では勝利を得ることはできないと、アメリカは直接、アメリカ軍をベトナムへ派遣しました。戦闘機で村を爆撃し、砲弾を撃ち込むアメリカ軍の攻撃を見ながら、やはりアメリカ軍もこの戦闘に勝利することはできないだろうと思いました。

同じ過ちを繰り返すアメリカ

アメリカは軍事力をもってベトナムに親アメリカ政府をつくろうとしましたが、「武力で民衆の支持は得られない」ことを証明して敗北しました。このことは日本軍も中国で実証済みです。ソ連もアフガニスタンで同じ過ちを犯しています。

アメリカがイラクを爆撃し、地上侵攻をした時、私はベトナム戦争と同じようにアメリカはイラクでも失敗するだろうと思いました。その理由もベトナム戦争同様、イラク民衆の支持を得ることができないからです。

まず爆撃ですが、爆弾を落下させた場所には民間人の住宅があります。爆弾による犠牲者には子どもも含まれます。家を破壊され、肉親を奪われた民間人がアメリカに対しどう思うかは明白です。次にアメリカ兵による住宅地での掃討作戦。ベトナムの農村がイラクに変わりましたが、ここでも家は壊され、住民が死傷し、アメリカに対する反感は強くなり、アメリカと手を結ぶ政府は支持を失います。

イラクの市街地で、銃を持ったアメリカ兵が自動車を止めて点検している光景をテレビニュースでしばしば見ました。自分の国に来た外国人兵に銃で脅かされながら車や荷物を調べられる――イラク人は民族の誇りを傷つけられたと思うでしょう。ベトナム戦争当時の国防長官だったロバート・S・マクナマラは、回顧録の中で、アメリカがベトナムで敗北した原因として一一項目をあげています。

要約すると、①アメリカに及ぼす危険を過大評価した、②ベトナム国民をアメリカ的に判断した、③ナショナリズムの力を過小評価した、④ベトナム人の歴史、文化、政治について無知だった、⑤アメリカの軍事力を信じ、民衆の心を掴《つか》む努力をしなかった、ほかに六項目が上げられています。このようなベトナム戦争敗北の教訓が生かされず、全く同じことをイラクでくり返していることに驚きを感じます。

ベトナム戦争中、独立戦争をたたかう人々と会った時、アメリカの政策を「新植民地主義」と表現していました。アメリカを支持する政府をつくり、その背後で影響力を強めようとする方法です。新植民地主義政府は国民から信頼を得ることができませんでした。

私はベトナム戦争取材の経験から、イラクが平和への道を進むためには、アメリカ軍が完全撤退して、イラク人各派がねばり強く討議を重ね、自分たちの政府を樹立させる以外に方法がないと思いました。

（二〇〇七年一二月）

2　枯葉剤の影響今も

二〇一三年四月上旬、ベトナムへ行き枯葉剤の被害を受けた子どもたちのリハビリ施設を二ヵ所取材してきました。カンボジアとの国境に近いクチ県のティエンフク施設には男女六五人の子どもたちがいました。

南ベトナムは一年が夏です。外のプールで遊んでいる子は症状の良い子です。狭い室内は子どもたちで満員状態でしたが、横になったまま身動きのできない子も大勢いました。ハノイ、ダナン、ホー・チ・ミン市など大きな都市に政府が支援する一二のリハビリ施設「平和村」がありますが、外国の平和団体や寄付によって経費が賄われている小さな施設も各地にあります。

ティエンフクもそのひとつとのこと。責任者のレ・チ・ラン（女性）さんは、予算がもっとあれば冷房装置をつけたい、といっていました。

米のダイオキシン散布は一〇年で三六六キロ

アメリカは、枯葉剤と子どもの先天性障害の因果関係を今でも認めず、金銭的補償を全くしていません。ホー・チ・ミン市にあるトゥーズー産婦人科病院内の「平和村」を訪ねました。責任者のグエン・チ・フォン・タン医師とは二〇〇九年に沖縄で一緒に講演したことがあります。タン先生にいただいた資料によれば、アメリカは、一九六一年から七一年まで三六六キログラムのダイオキシンを含む

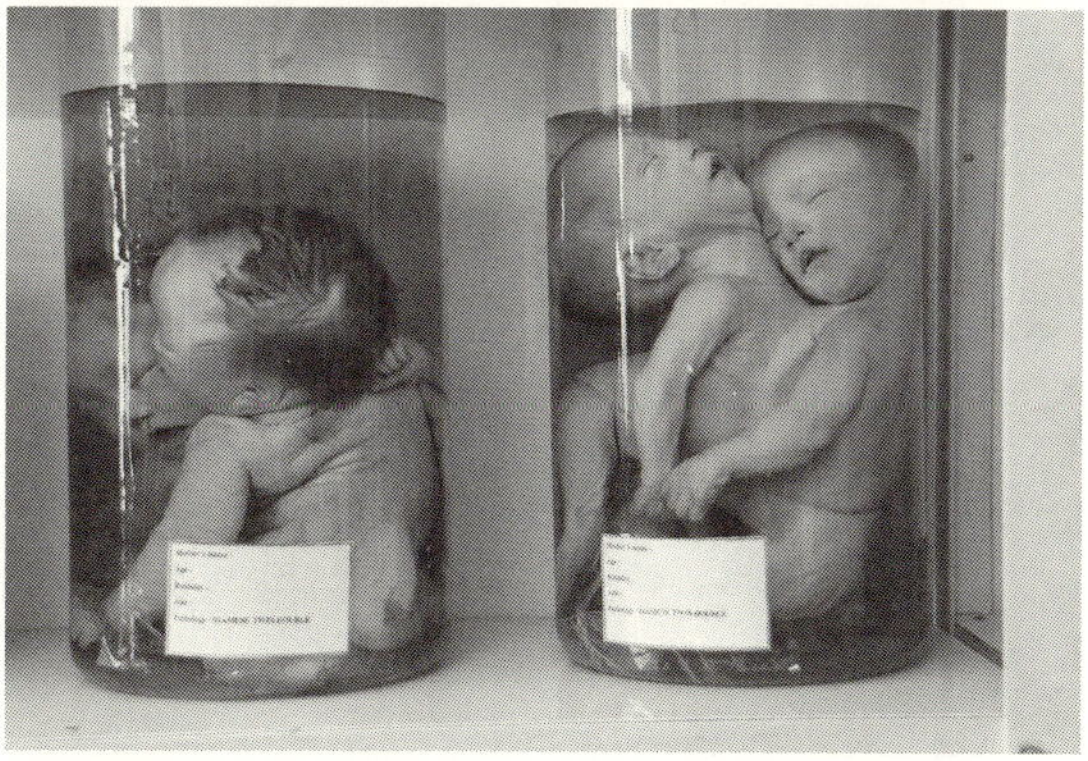

枯葉剤に含まれたダイオキシンの影響と思われる先天性異常の胎児の標本。トゥーズー病院。2013年

八〇〇〇万リットルの枯葉剤を二万六〇〇〇近くの農村に散布、その面積はベトナムの二五パーセントになっています。そのために三〇〇万人以上の人が枯葉剤被害を受け、数十万人が死亡し、現在でも数十万の人々が病気と貧困に苦しんでいるそうです。

トゥーズー病院では二〇一二年、五万六四五九人が誕生しましたが、そのうち四九四人が障害児でした。全員が枯葉剤の影響とは断定できませんが、その可能性は非常に強いとのことでした。

私はベトナム戦争中、多くの子どもたちが傷つき死んでいく様子を目撃しました。戦争が終わった時は子どもたちにも平和が訪れると喜びました。しかし、戦後三八年、いまだに苦しんでいる子どもの姿に、戦争を起こす大人たちの罪が深いことをあらためて知らされました。

二〇一五年、ホー・チ・ミン市で催された戦争終結四〇周年の式典を取材した時に、トゥーズー病院へ寄りました。二〇一六年の四月にもトゥーズー病院を訪ねましたが、枯葉剤の影響と思われる新生児の数は減少しないばかりか増えていました。二〇一五年、六万八八五四人の新生児に対し先天性障害児は一六五一人となって今後が心配です。

（二〇一三年四月、二〇一六年四月）

3　クラスター爆弾は悪魔の兵器

残酷でない兵器はあるでしょうか

二〇〇八年五月三〇日、一二九ヵ国の代表が参加した国際会議でクラスター爆弾使用禁止条約案が決まりました。条約案はクラスター爆弾の製造、保有、使用を禁止しています。なぜクラスター爆弾が国際会議で取り上げられたのか。大量にばらまかれるクラスター爆弾が残酷だからです。でも残酷でない兵器というものがあるでしょうか。

ベトナム戦争中、米軍機から投下された各種クラスター爆弾。現地ではボール爆弾と呼ばれていた。1972年

クラスターとは辞書で引くと房、群れ、塊となっています。親爆弾にたくさんの子爆弾が詰まっている状態を表しています。でも、その小爆弾が一〇個未満、不発になった場合、自爆装置を持っている場合などは禁止の対象とならない、つまり使ってもよいとしているのも、何か変だなと思います。私としては全面的に使用禁止にしてもらいたいという気持ちです。

それに今回の会議にはアメリカ、ロシア、中国、イスラエルなどの国は参加していないとのことです。日本も参加はしたものの消極的な態度だったようです。それでも国際会議でクラスター爆弾が取り上げられ禁止条約が決められることは大変よいことです。

人間とは何と残酷な動物だろう

クラスター爆弾がアメリカ軍によって大量に使用されたのがベトナム戦争です。一九七二年、北ベトナムに行った時、各種のクラスター爆弾を見ました。いちばん多く投下されたのが、ボール爆弾でした。二メートル大の空洞の親爆弾に野球のボールくらいの大きさの子爆弾が約三〇〇個入っています。

一個の子爆弾に約三〇〇個のパチンコ玉より小さい鉄の球が入っています。一機の戦闘機は四個の親爆弾を投下することができたそうです。四個の親爆弾から一二〇〇個のボール爆弾が拡がり、ボール爆弾が地上低位置で爆発して三六万個のパチンコ玉が弾丸のように飛び散ります。

小さなパチンコ玉が心臓や頭に当たれば死にますが、他の場所だと負傷するだけで助かることもあります。でも負傷の場合は本人も周りの肉親も長く苦しむので、ボール爆弾投下の目的は達成するとのことです。

そのことを聞いて人間はできるだけ相手を困らせることを考える、なんと残酷な動物だろうと思いました。しかも散乱した爆弾のうち一部にわざと不発弾をまぜておくのだそうです。そうすると地上に残った不発弾が土や草で見えにくくなったところで農作業している人、遊んでいる子どもたちを殺傷します。そうなると人々は不発弾におびえた生活を送らなければなりません。

昔の戦争は兵士と兵士が戦いました。

今は、大砲や爆弾で都市や農村を攻撃して一般市民を殺傷します。民間人に恐怖感を加え、国力を低下させ、厭戦《えんせん》気分にさせることも近代戦略の一つといわれています。そのためにアジア・太平洋戦争では日本は中国を爆撃し、アメリカは日本全土を爆撃し、しかも原爆まで投下しました。イギリスもドイツも相手国を爆撃しました。最近では、アメリカはアフガニスタン、イラクを爆撃し、イスラエルはレバノンを爆撃しました。

ベトナム戦争ではクラスター爆弾は年を追って「改良」され、ボール爆弾よりさらに強力なグアバ爆弾、オレンジボール爆弾などが投下されました。戦車や防空壕を破壊する貫通爆弾、布地雷（小さな四角い布袋に火薬が入り踏むと足を負傷する武器）、クギ爆弾なども投下されました。しかし、クラスター爆弾の投下は逆にベトナム人の結束を固くしました。非人道的な兵器の使用に対し、怒りが増大したのです。

悲しむ姿が目に焼きつき離れない

人間を負傷させるクラスター爆弾の不発弾による犠牲は、ベトナム、ラオス、カンボジアで現在でも続いています。クアンチ省で農作業中にクワがボール爆弾に当たって爆発、下半身が血まみれになった若い農婦の苦痛の声が耳に残っています。

クアンビン省では、一二歳の同級生の男の子三人が一緒に草を刈っていて鎌がボール爆弾に当たって爆発して三人とも死亡しました。親たちの悲しむ姿が目に焼きついて離れません。

クラスター爆弾は、アフガニスタン、イラクでも使われています。

（二〇〇八年七月）

4 原爆投下は大虐殺

毎年、八月になると六日に広島、九日に長崎の原爆投下の日に平和式典、一五日は戦没者追悼式があります。私は毎年、時間の許す限りテレビで式の様子を見るようにしています。戦争を心に刻み、犠牲者を悼むためです。

二〇〇八年、六日は宮崎で特攻隊に関する取材をしていましたが、長崎の式典は家でテレビ中継を見ることができました。

山里小学校の生徒たちが、「あの子」という歌を合唱していました。あの日、一三〇〇名の生徒が死亡したといいます。生きていればもう孫がいる年齢。その間にいろいろな人生を体験できたはずです。「ついに帰らぬおもかげと知ってはいても夕焼の門に出てみる葉鶏頭……」とハゲイトウの花と子どもたちを重ね合わせていました。

戦争を防ぐには想像こそが大切

広島でも長崎でも、式典で子どもや女学生が合唱する時、いつもその年齢で命を奪われた生徒たちの姿を想像します。日本の戦争が終わって七〇年以上。戦争の体験者は年々少なくなっていきます。

生存している被爆者の平均年齢は七五歳とのこと。体験者がすべて亡くなってしまうと、あとは戦争も原爆も想像の世界になってしまいます。

戦争を防ぐためには、この想像こそが大切です。私たちは戦争の悲惨な状況を想像する力を育てなければならないと思います。日本の被害だけでなく日本の侵略によって犠牲となった中国、フィリピン、ほかの国々の人たちのことも考えることが大切と思っています。

広島、長崎の原爆投下は、市民に対する大虐殺です。先日、テレビで「真珠湾を奇襲攻撃した日本の当然の報いだ」とインタビューに答えているアメリカ人が写し出されていました。ほかにも、原爆投下を悪いと考えていない人たちの意見がありました。しかし、この人たちは原爆の被害がどのようなものか知らない。だから原爆の悲惨な状況に対する想像力がないのだと思いました。

テニアン島のハゴイ飛行場。ここから広島、長崎に向け原爆を積んだ爆撃機が飛び立った

南国の楽園が地獄の島に

広島の平和記念公園には慰霊碑がありますが、そのほかにも市内にたくさんの小さな慰霊碑があり、私はそれを全部撮影して一九七七年八月の『アサヒグラ

フ』に掲載したことがあります。その場所では、身元もわからない人たちが遺体となって横たわっていたのです。その中には多くの子どもも含まれていたに違いありません。

広島へ原爆投下した「エノラ・ゲイ」、長崎に投下した「ボックスカー」はテニアンのハゴイ飛行場から飛び立ちました。

私は日本の戦争の取材で南洋群島へ行きました。そこには戦前から敗戦時まで多数の沖縄人が移民として渡り、その数は約六万人です。そのうち一万二八二六人が戦争の犠牲者となりました。第一次世界大戦後、マーシャル、カロリン、マリアナの三群島は日本の統治領となり、サイパン、ヤップ、パラオ、トラック、ポナペ、ヤルートに南洋庁支庁を置いて敗戦前まで統治を続けました。移民が急に増えたのは一九二一年、南洋興発株式会社が創設され製糖業が本格化してからです。四二年の記録では日本人七万六九二七人。そのうち沖縄人が五万六九二七人でした。沖縄には大きな産業もなく、また沖縄の人は暑さに強く製糖業に慣れているということもありました。

沖縄人たちが「南国の楽園」と表現したように平和な島だったようです。それが、日本軍が駐留し、アメリカ軍が上陸して激しい戦闘となり、南洋群島は「地獄の島」と化しました。

「集団自決」は沖縄戦より早く

沖縄戦より早く多数の「集団自決」もありました。テニアンでは一九三七人の沖縄人が犠牲となりました。

日本軍はテニアンの移民を動員して飛行場をつくりましたが、その飛行場がアメリカ軍に占領されて原爆投下のB29が発進したのです。ハゴイ飛行場には、「原爆投下によって戦争を早く終わらせ多くの生命が救われた」というパネルが張ってありました。私はそれを読んで、原爆で失われた多くの子どもたちの姿を想像して「何を言っているか」と激しい怒りが湧きました。

二〇一六年五月二七日、オバマ大統領は現職米大統領として初めて広島を訪問しました。平和公園での式典で、十数万人が犠牲になった原爆の惨劇に思いをはせるために広島を訪れたと話し、献花し、原爆体験者の肩を抱くなどの行為を私は評価します。短い時間ながら資料館を訪れたことによって、原爆の悲劇の一端がわかったと思います。

原爆投下に関して謝罪があるかどうか話題になりました。事前の報道は、アメリカでは原爆投下によって終戦を早め多くの命が救われたという考えが根強く、謝罪はしないだろうということがいわれていました。

原爆投下前、日本軍参謀本部は本土決戦を主張し、米軍は九州上陸のオリンピック作戦、相模湾、九十九里浜に上陸するコロネット作戦を計画していました。もし本土決戦が実行された場合、沖縄戦以上に米国に犠牲者が生じたでしょう。同時に、沖縄戦のように民間人の犠牲者も多かったと思います。

だからといって、絶対に広島・長崎への原爆投下が正当化されるものではありません。謝罪となれば、原爆によって命を奪われた子ども、市民に対してでしょう。私は、東京大空襲ほかの空襲も虐殺と思っています。

オバマ大統領は日本訪問の前にベトナムも訪れています。ベトナム戦争の和解として評価します。しかし、ベトナムでは日本よりずっと多くの民間人が、米軍の攻撃によって犠牲になっていますが、アメリカの謝罪はありません。

日本軍の侵略によって、多数の中国人が殺されましたが、日本が中国に謝罪したのは戦後五〇年近くになった村山政権の時でした。戦争では、軍の勝利が民間人の生命よりも優先すると軍部や政府は考えているのです。

（二〇〇八年八月、二〇一六年六月）

5　四月二八日は「屈辱の日」

米軍に渡された沖縄と「日本の独立」

一九五二年四月二八日は、連合軍の支配下にあった日本がサンフランシスコ講和条約によって独立した日と知っている人は多いと思います。でも、沖縄にはその日を日本から切り離された「屈辱の日」としている人たちが大勢います。そのことを知っている人たちはどのくらいいるでしょう。サンフランシスコ条約によって沖縄はアメリカの支配下に置かれ基地の拡大、米兵の犯罪、ドル使用の生活ほか、言うに言われぬ困難な状況を強いられることになりました。

安倍政権は二〇一三年四月二八日に「主権回復・国際社会復帰を記念する式典」を開催しました。

これに対し沖縄では、与野党一致で式典の中止を求めたという経緯があります。「日本が独立したことはよいことだが、沖縄をアメリカに渡して得た独立である。本土の人々が祝うことに異議を挟まないが、政府主催では沖縄の立場を理解していないことになる」というのが沖縄の言い分です。

4.28会の人々

第二次世界大戦で日本と対立した連合国と、平和条約を結ぶ講和会議が一九五一年九月八日サンフランシスコで開催されました。当時、朝鮮戦争が続きアメリカはソ連、中華人民共和国ほかの社会主義国と対立していました。世界五五ヵ国のうちソ連、ポーランド、チェコスロバキアはアメリカ主導の講和に反対しサインしませんでした。インド、ビルマ（現在ミャンマー）、ユーゴスラビアは沖縄がアメリカ施政下に置かれることなどに抗議して会議に参加していません。

中国は北京の中華人民共和国と台湾の中華民国のどちらを正当と認めるか参加国で意見が分かれ結局両方招請されませんでした。

この講和条約と抱き合わせに日米安保条約も調印されました。講和会議には吉田茂首相、池田勇人蔵相、一万田尚登（日銀総裁）ほかの全権団が参加しましたが、安保条約の調印は吉田首相に一任、国民には秘密にされました。

土地収用法で農地を暴力的に奪われ基地に

沖縄の米軍基地はアメリカ施政下で拡張され、本土復帰後は安保条約によって米軍に使用されています。沖縄のアメリカ民政府は、サンフランシスコ条約後の一九五三年「土地収用法」を公布して、「銃剣とブルドーザー」といわれたように農民の土地を強制的に取り上げブルドーザーで基地にしました。

この時、米軍基地は沖縄総面積の一四パーセント、耕地面積の四二パーセントになりました。これもアメリカの施政下になったからであり、日本国憲法下ではここまで乱暴なことはできなかったと沖縄人は考えています。当時、土地一坪の軍用地料は「アンパン一個分」といわれました。米兵の犯罪で犯人が確定されてもアメリカが裁判権を持つ地位協定によって無罪になることが多く、沖縄人は泣き寝入りをしてきたのです。

基地があることによって起こる騒音、米兵犯罪などの被害は現在も続いています。政府にとっての「主権回復の日」は沖縄では「主権を奪われた日」になるのです。

沖縄返還は沖縄人の行動で勝ち取る

復帰前、沖縄人は四月二八日に最北端の辺戸岬へ立ち、本土の方向へ「沖縄をかえせ」と叫び続けてきました。

一九九二年、「沖縄復帰二〇年」を、沖縄市をテーマに取材しました。復帰前はコザ市と呼ばれたところです。毎年、四月二八日「屈辱の日」に集まって沖縄のあり方を語り合っている「4・28会」の人々と会いました。一九七ページの写真前列左から石川元平（沖教組委員長）、有銘政夫（沖教組中頭支部委員長）、山城成剛（中学校教師）、山城清輝（元沖縄市教育長）、名護清助（元小学校長）、根保清善（元教頭）、後列左から山城徹（中学校教師）、玉城吉雄（元小学校長）、上地安宣（元小学校長）、照屋正雄（元小学校長）、粟国安信（元小学校教師）、我如古盛治（元小学校教師）、山内徳光（小学校教師）。

「4・28会」の人々は、「沖縄返還は本土政府のお情けで実現したのではない。沖縄人の抗議行動で勝ちとったものだ」と語っていました。この時から一五年、亡くなられた方もいますが会は続いていて、政府の「四月二八日式典」に反対を表明しました。

（二〇一三年四月）

第6章　日本の役割、報道の役割

1　戦争とは人を殺すことです

夏になると日本の戦争の記憶がよみがえってきます。一九四五年八月一五日、終戦を告げる天皇の言葉を皆がラジオの周りに集まって聞いている様子を、私は眺めていました。小学校二年生の時でした。

日本の戦争の悲劇を心に刻むために、平和祈念式典のテレビ中継を毎年、見るようにしています。

普通の生活を送れることが平和

二〇一三年の夏。八月六日。広島・原爆の日。広島の小学校六年生中森柚子さん、竹内駿治君の「平和への誓い」の中で「平和とは安心して生活できること」という言葉が印象に残りました。毎日、平凡に普通の生活を送れることが平和です。

爆弾、砲弾、銃撃で村や町が攻撃され普通の生活ができない人々の姿を、ベトナムほかの戦場で見てきました。

八月九日、長崎・原爆の日。城山小学校の生徒が原爆で命を奪われた子どもたちを偲ぶ「子らのみ魂よ」を合唱しました。「めぐりきぬこの月　この日（略）声もなく　空しく散りし　先生よ　子らの　み魂よ」。子どもたちが元気でいれば「いろいろな人生を送ることができただろう」。原爆が投下された日の子どもたちの姿を想像しました。

ボスニア紛争犠牲者の臨時の墓。かつて冬季五輪で使われたメインスタジアム前の広場につくられた。1994年

安倍首相の式辞には空しさ

八月一五日、全国戦没者追悼式。安倍晋三首相の式辞が空しく聞こえました。一九九五年、村山富市首相以降、歴代首相が述べてきた「アジア諸国の人々に多大の損害と苦痛を与えた」という反省の言葉もありませんでした。

私はこれまで日本の政権を担当してきた政治家たちは戦争の悲劇がわかっていないと思うことが、たびたびありました。中国、韓国、北朝鮮、ベトナム、フィリピンなどを取材して、現地の人々が日本の侵略によって大きな被害を受けたことを知りました。

日本政府は敗戦後、日本の戦争に関する総括をしなかったので、学校教育で日本の戦争の実相が生徒に伝わっていません。

「安倍首相、日本の戦争がどのようなものであったか知っていますか?」「日本の戦争の被害を受けた国々の人々と直接会って熱心にその声を聞いたことがありますか?」

既に軍事費は世界の第五位に

安倍首相も含め、全ての政治家は、日本がどの国とも戦争となることを望んでいないでしょう。しかし、歴代政府の政策は、戦争にしないための配慮に欠けていました。いまの集団的自衛権行使構想もその一つです。憲法九条では軍隊や武器を持たないことを決めています。でも自衛隊が存在し、軍事費は世界で第五位です。

日本が攻撃された場合だけ戦えるのが「個別的自衛権」の行使です。自国が攻撃されていなくとも同盟国のアメリカが攻撃を受けた場合、戦闘に参加することが「集団的自衛権」行使です。

もし、以前に、「集団的自衛権」行使が認められていたら、私が取材をしていたベトナム戦争も自衛隊が戦っていたと考えられます。今後、朝鮮半島で戦争が起こった場合、自衛隊が参戦することも起こり得ます。戦争とは相手国の兵士や市民を殺すことであり、自国の兵士や市民も犠牲にします。

広島の被爆体験を描いた中沢啓治さんの『はだしのゲン』が、松江市の小中学校図書室で見ることができないように市の教育委員会や校長会が指示したそうです。理由は、旧日本軍がアジアの人々の首を切り落としたり銃剣術の的にする場面が残酷だからとのことです。また、「ありもしないことが描かれている」という市民の陳情があったそうです。

しかし、この場面は事実です。中国の「南京大虐殺記念館」には日本兵が中国人やオーストラリア兵の首を日本刀で切ろうとしている写真がたくさん展示されていました。アメリカの週刊誌『ライフ』そのほかの雑誌、本でも見たことがあります。

日本の新兵に「肝だめし」として捕虜を銃剣で突かせたという証言はたくさんあります。「ありもしない蛮行」という人は戦争を知らない人です。ベトナム戦争で米兵が解放軍兵士の死体を下げている私の写真を、「残酷」として写真展から外すようにと指示した担当者や教育委員もいます。それも戦争を知らない人、いや知ろうとしない人だと思います。

「戦争は残酷」と知ることが大切です。事実から目をそらして平和を築くことはできないと思います。大人たちの戦争によって子どもたちの人権が奪われてきたことを私たちは認識するべきです。

（二〇一三年八月）

2　安倍首相は有生君の詩を理解しなさい

心に刻んでおきたい沖縄戦の悲劇

六月二三日は、沖縄県「慰霊の日」、糸満市の平和祈念公園で催される全戦没者追悼式のテレビ中継を毎年、欠かさずに見るようにしています。私の故郷で起こった沖縄戦の悲劇を心に刻んでおきたいからです。

二〇一三年のこの日、テレビは摩文仁《まぶに》の丘から見える青い海を写していました。平和祈念公園には日本の戦争によって命を奪われた人々の名を刻んだ「平和の礎《いしじ》」があります。私の肉親の名も刻まれています。

「平和の礎」の前で花を捧げている遺族の方々の姿がありました。私も何度も訪れていますが、碑に刻まれた人々の名を見るたびに、この人々が生存していたら、その後、多くの体験を重ねた人生を送ることができただろうと残念に思うと同時に、戦争を推し進めた政治家・軍人に怒りを感じます。

有生君の朗読で平和の尊さをかみしめる

毎年、生徒・児童による「平和への誓い」が朗読され、私は心をかたむけてその言葉をかみしめます。平和の尊さが素直に伝わってくるからです。

二〇一二年は高校生、二〇一一年は中学生。二〇一三年は沖縄最西端、与那国島・久部良小学校一年生の安里有生《あさとゆうき》（6）君でした。

へいわってすてきだね

へいわってなにかな。ぼくは、かんがえたよ

おともだちとなかよし。かぞくが、げんき。

えがおであそぶ。ねこがわらう。おなかがいっぱい。
やぎがのんびりあるいている。
けんかしてもすぐなかなおり
ちょうめいそうがたくさんはえ、よなぐにうまが、ヒヒーンとなく。
みなとには、フェリーがとまっていて、
うみには、かめやかじきがおよいでる。
やさしいこころがにじになる。
へいわっていいね。へいわってうれしいね。
みんなのこころから、へいわがうまれるんだね。
せんそうはおそろしい
「ドドーン、ドカーン。」ばくだんがおちてくるこわいおと。
おなかがすいて、くるしむこども。
かぞくがしんでしまってなくひとたち。
ああ、ぼくは、へいわなときにうまれてよかったよ。
このへいわがずっとつづいてほしい。
みんなのえがおが、ずっとつづいてほしい。
へいわなかぞく、へいわながっこう、へいわなよなぐにじま、

へいわなおきなわ、へいわなせかい、
へいわってすてきだね。
これからも、ずっとへいわがつづくように
ぼくも、ぼくのできることからがんばるよ。

（沖縄県平和祈念資料館提供。行間を詰めました。なおこの詩は絵本になっています。安里有生／詩、長谷川義史／画『へいわってすてきだね』ブロンズ新社）

子どもたちには夢を持つ権利があります

有生君は落ち着いて立派に朗読しました。その可愛い表情に心がいやされる思いでした。有生君の言葉のように、これが正に平和な光景です。子どもたちには平和の中で夢を持って成長していく権利があります。そのような平和な社会をつくってあげることが大人の責任です。

沖縄戦では大勢の子どもたちが傷つき死んでいきました。私もベトナム、カンボジア、ラオス、ボスニア、ソマリア、アフガニスタンの戦場で死傷した子、親やきょうだいを失って嘆き悲しむ子どもたちを撮影しました。

大人が起こした戦争によって子どもたちの人権が奪われたのです。有生君がつくった詩は心に響いて感動しましたが、安倍晋三首相の挨拶はなんと空しいのだろうと思いました。

沖縄戦で失われた尊い命、戦争を憎み、平和を築く、米軍基地の負担軽減など、いろいろな言葉を言ってみても安倍首相の言葉からは心が伝わってきません。それは、オスプレイ配備反対県民大会一〇万人の声を無視した普天間基地への強行配備、辺野古新基地建設の埋立て、国防軍改称案、憲法九条改定計画など、ことごとく平和とはかけ離れた政策をとっているからです。

軍隊の駐留で戦闘が起こる可能性が

有生君が住む与那国島への自衛隊配備計画が進められています。実現となれば部隊と共に武器・弾薬も持ち込まれます。軍隊が駐留すれば戦闘が起こる可能性があります。そうなると沖縄戦のように「平和な島」は「地獄の島」と化します。

政治家たちには有生君の言葉をよく考えてもらいたいと思います。

（二〇一三年六月）

3　戦争の悲劇に敏感な子どもたち

戦争の実態を教えない学校教育

小学生は広島、長崎に原爆が投下されて大勢の人が犠牲になったことを知っています。八月一五日に戦争が終わったことも知っています。毎年その頃になると、原爆、戦争がテレビで取り上げられ、家族、学校でも話題になることが多いでしょう。もちろん、中学生、高校生も知っています。

しかし、日本の戦争がどのようなものだったかはわかっていません。小中学生だけでなく、今は、大人も日本の戦争の実態を知らない人の方が多いのです。

その原因は、日本が戦争の総括をしていないので、学校教育の中で戦争がどのような内容であるか取り上げていないからです。

私語なく話を聞く子どもたち

でも、小、中学校、高校にはそういった状況を心配して、戦争のことを生徒に話す機会をつくってくれる教員たちがいます。二〇一三年は、長野県の松本深志高校、茅野高校、茅野市北部中、二〇一四年は岡谷市立川岸小学校へ行きました。

北部中は二〇一〇年に入学した生徒一二七人を対象に、第一回の沖縄戦・米軍基地を含め二〇一三年まで五回話しました。その生徒たちが卒業したので、新入生にまた、話すことになり、二〇一四年七月には二回目を予定しています。

二〇一四年の一月、川岸小の時は、六年生がどれくらい私の話を理解してくれるか心配でしたが、私語がなく、スライドをじっと見つめ、その姿勢が真面目だったので私も話していて力が入りました。

送られてきた感想は私の宝物

そして生徒たちの感想が、表紙とピンクのリボンで綴じられて勝野美幸先生から送られてきた時はとても嬉しくてそれを抱きしめたくなりました。一人ずつの文を読んでいるとその子が一生懸命に書いている姿が目に浮かぶようでした。みんなしっかりと話を受け止めています。この冊子は私の宝物となりました。

感想の中からいくつかを、短縮し姓は省略して紹介します。

「写真に写っているものは、焼け野原の町、苦しむ子どもたち、亡くなってしまった人など悲しいものばかりでした。戦争は何もかもなくしてしまいます。やる意味なんてないのに今でも戦争は起こっています。

私と同じくらいの子どもたちも、大人が起こした戦争により死んでしまいます。

それはとってもひどいし、かわいそうです。

私は、戦争で人が亡くなってほしくないです。いつか世界で戦争がなくなる日がきてほしいです。ひかる」。

「戦争はお父さん、お母さんが子どもを亡くし、子どもはお母さん、お父さんを亡くす、すごく悲しいでき事ということが分かりました。咲希」。

「生命が一番大切‼　命があれば何でもできる。という言葉を聞いて、この命を大切にしていこうと思った。慧」。

「兵士は敵をたおすことだけを考えている恐ろしい人かと思っていたが、実際は一人の人間で普通の人とわかって、本当に何のために戦争をするのだろう？　と心から思いました。人を殺してまで国の勢力範囲を広げて利益を得ても嬉しくないしお互いに傷つくだけだと思いました。幸音」。

「罪もない子ども七七五人が魚雷でなくなってしまった。（米潜水艦攻撃で沈没した対馬丸）なぜ、大人が起こした戦争で子どもがまきこまれて死ななければならないのだろうと思いました。未来」。

「戦争によって命、家、学校、文化財、自然など色んな者が無くなってしまう。家、学校、自然は戻るけど人の命と文化財はもどってこない。なのになぜそこまでして自分の国のせい力を広げたかったのかと思った。

津波とかは自然災害だから防げなかったが戦争は人間が作り出したものだから防ぐ事ができるのになぜ多くの死者がでると知っていて防ごうとしなかったのか。

しかも一番多く殺されるのが民間人というのがひどいなと思ったし、子どもたちも多く殺されてしまいます。今でも枯葉剤で苦しんでいる子どもがいっぱいいると聞いて、自分は子どもにめいわくかけるような大人にならないようにしなければいけないと思った。

自分が死ぬと自分の子も孫も生まれないので命のつながりがなくなってしまう。だから命を大切にしないといけないと改めて分かることができた。慎吾」。（二〇一四年四月）

茅野市北部中で講演後のグループ討論。2011年から15年に10回、戦争に関して講義をした

4　イラク派兵、違憲判決

高裁の憲法判断は今回がはじめて

愛知県の人々を中心に一一二二名が、自衛隊のイラク派兵は憲法九条に違反していると訴えた裁判を憶えているでしょうか。二〇〇八年四月一七日、名古屋高裁は、自衛隊がアメリカ軍ほか多国籍軍を輸送するのは憲法違反という判決を下しました。

このことはきわめて珍しいことです。私は、日本の裁判所は政府の決めた大きな政策にはあまり反対しないという印象をもっています。

とくに憲法九条の問題となると弱腰になります。私は自衛隊の存在そのものが戦力を持たないとした憲法九条に違反していると思っています。ですから、湾岸戦争の掃海艇派兵やカンボジア総選挙の時の自衛隊派兵、ほか全ての派兵が違憲と考えてきました。

長沼ナイキ基地訴訟以来の憲法判断

一九七三年、札幌地裁が「長沼ナイキ基地訴訟」で自衛隊は憲法違反と判決しましたが、高裁として九条に関し違憲判決をしたのはこの名古屋高裁が初めてです。

一九六九年、国は北海道夕張郡長沼町の国有保安林に航空自衛隊のミサイル基地を建設しようとしました。ベトナム戦争で激戦が続き、アメリカ、日本など資本主義国側とソ連、中国など共産主義国側と対立していた時です。ミサイル基地も対ソ連を視野においての計画でした。長沼町の農民たちは基地建設に反対し、国に対し保安林解除処分の執行停止と処分取り消しを求め札幌地裁に訴えを起こしました。これが「長沼ナイキ基地訴訟」です。

その時、札幌地裁の福島重雄裁判長は農民の訴えを認める判決をしました。一九七三年、福島裁判長は、「自衛隊は憲法第九条によって保持を禁じられている陸空海軍という戦力に該当する」と、日本の裁判所としては初めて、自衛隊は憲法に違反するという判決を下しました。これに対し、政府は「自衛隊はいかなる意味でも憲法に違反しない」と声明を出しています。政府は福島裁判長の判決を不服として控訴し、一九七六年、札幌高裁は政府の言い分を認め農民たちの訴えを退けました。最高裁は農民側の上告を棄却し、結局ナイキ基地は完成しました。福島裁判長にはいろいろな方面から抗議があったようです。

1993年、カンボジアで道路を補修する自衛隊。若者を戦争に参加させたくない

日本の新聞の違憲判決の受け止め方

福島裁判長の判決から四三年が過ぎました。名古屋高裁が航空自衛隊の活動を憲法違反とした名古屋高裁の判決は画期的なことです。でも自衛隊派遣差し止めは認めませんでした。だからイラクでの自衛隊の活動は続きました。名古屋高裁の判決に関しての各新聞の社説の見出しと主張の一部を紹介します。

朝日新聞『違憲とされた自衛隊派遣』……「判決を踏まえ、政治はすぐにも派遣をめぐる真剣な論議を始め、撤収を決断すべきだ。日本の裁判所は憲法判断を避ける傾向が強く、行政追認との批判がある。それだけにこの判決に新鮮な驚きを感じた人も少なくあるまい」

毎日新聞『イラク空自違憲』……「さらに、判決が輸送対象を『武装兵員』と認定したことも注目に値する。空自の具体的な輸送人員・物資の内容を明らかにしてこなかった」「政府は、輸送の具体的な内容についても国民に明らかにすべきである」

読売新聞『兵輸送は武力行使でない』……「多国籍軍による武装勢力の掃討活動は、国連安全保障理事会決議を根拠としている。正当な治安維持活動にほかならない」「イラク空輸活動は、日本の国際平和活動の中核を担っている。空自隊員には、今回の判決に動じることなく、その重要な任務を着実に果たしてもらいたい」

産経新聞『平和協力を否定するのか』……「『自衛隊違憲』判断は三五年前、あったが、上級審で退けられた。今回は、統治の基本に関わる高度に政治的な行為は裁判所の審査権が及ばないという統治行為論を覆そうという狙いもあるのだろう」「政府は空自の活動を継続すると表明している。当然なことだ」

（二〇〇八年四月）

5　戦場報道は必要

戦場ジャーナリスト山本美香さんの死

二〇一二年八月二〇日、シリアの内戦を取材中の女性ジャーナリスト山本美香さん（45）が戦闘に巻き込まれて死亡しました。山本さんはアレッポの市内で反政府軍に同行していた時、政府軍と遭遇し、銃撃を受けたとのことです。

私も以前は戦場を取材していたカメラマンの一人として、山本さんの訃報《ふほう》に接して溜息をついて沈んだ気持ちになりました。

私は多くの民間人が命を奪われる戦争を阻止するためには戦争の実態を知ることが大切と思っています。それを伝えるのが、山本さんのように戦場を取材するジャーナリストです。

私自身は歳をとるにしたがって臆病になり、戦場へ行かなくなったので、戦場の取材を続けている人たちに「偉いな、頑張っているな」と畏敬の念を持っています。これまでもベトナム戦争中に知り合った澤田教一、嶋元啓三郎、一ノ瀬泰造、橋田信介ほかの人たちが戦場で亡くなりました。

それでも戦場に行くのはなぜか

戦場で取材するジャーナリストでもカメラマンはできるだけ戦闘の激しいところへ行って迫力のある写真を撮ろうとします。記事の場合は、戦場の状況を避難してきた人々から聞くこともできますが、カメラマンは現場を映像で記録し伝えることが大切と考えるからです。

私がこれまでに見てきたベトナム以外の戦争でも、その気持ちは全てのカメラマンに共通していました。それには当然、危険が伴います。そうまでしてどうして最前線を撮影したいと思うのでしょうか。

それはカメラマンの本能的なものかもしれません。ほかのカメラマンとこのことに関して話し合ったことはありませんが、私の場合、ほかの人より迫力ある写真を撮りたいという競争心よりは、この目で「現場を確かめたい」「知りたい」という気持ちが第一でした。

では「カメラを持たなくても行くか」と聞かれたら、「カメラがなければ行かない」と答えます。それでも「撮りたい」より「確かめたい」が先なのです。

例をあげますと、一九七〇年四月一一日、カンボジアでのことです。ベトナム国境でベトナム人がカンボジア政府軍に虐殺されたという情報を得て、日本電波ニュースの鈴木利一さんと現場へ向かいました。途中、政府軍が一号道路を封鎖していました。この先が戦闘になっていて危険という理由でした。

私たちは、封鎖を強行突破して現場へ向かいました。実際に戦闘が続いていて虐殺現場まで行けず戻る途中、反政府軍の待ち伏せを受け、二人で水田に逃げて運良く助かりました。

その周辺では一一日までに、フジテレビの日下陽、高木祐二郎を含む八人の欧米人ジャーナリストが犠牲になっていました。それでも現場に行こうとしたのは、虐殺現場をこの目で確かめたいという気持ちからでした。ジャーナリストは私たちだけだったので他のメディアとの競争ではなかったのです。鈴木さんも同じ気持ちだったと思います。

戦場取材に生きがいを感じる

また、戦場取材は緊張感があり、そこへ全力投球することに生きがいを感じることもあります。例えば山本さんが現場に立つまでシリアへ行く計画をたて下調べをする。テレビ局と放送の交渉をし、準備をし出発する。トルコへ着いてからアレッポへ入るまでの過程、その全てが取材活動です。

私が信州でのんびりしている間、山本さんはそういう時間を過ごしていたと思います。それは取材という目的に向かっての充実した時間であり、それも戦場へ向かう一つの原因

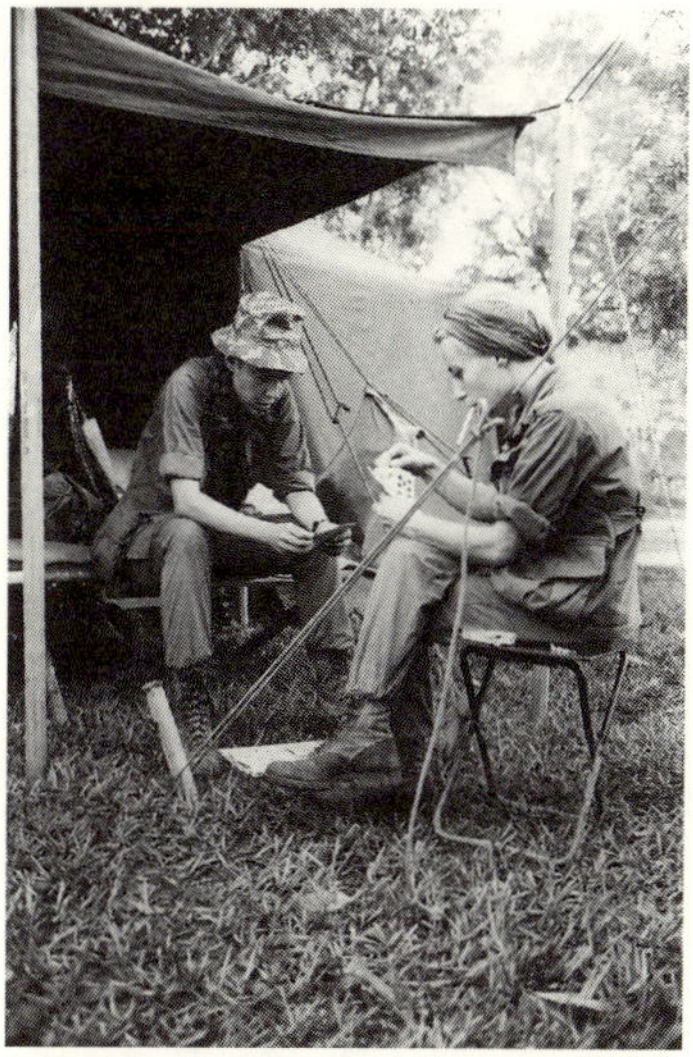
ベトナム戦争の女性フォトグラファー。ミシェル・レイ、カトリーヌ・ルロイ。1967年

になっていると想像します。

山本さんは「戦争を伝えることで戦争の不幸を少しでも早く防ぐことができるのではないか」と語っていたそうですが、そのような気持ちも戦場に向かう大きな理由だったのでしょう。

山本さんに同行していた佐藤和孝さんとは、ベトナム戦争中とその後にお会いしたことがあります。イラクそのほかの戦争報道で注目していました。彼は五六歳。まだ戦場取材を続けていることに敬意を払っています。危険ではあるが戦争報道は必要と考えます。

山本美香さんのご冥福を祈ります。


（二〇一二年八月）

6　ベトナム戦争と写真報道

二〇一五年四月三〇日のベトナム戦争終結四〇周年記念式典を撮影に行きます。

ベトナム戦争では多数のスチルカメラマンが戦場を撮影しました。日本人では岡村昭彦、澤田教一、酒井淑夫、嶋元啓三郎、峯弘道、一ノ瀬泰造、秋元啓一、ほかにも数人の顔が浮かんできます。

この人々は戦場で、または帰国してから病気で、すでに亡くなっています。現在、中年の人や若者には、ベトナム戦争という文字を見たり聞いたりしたことはあるが、その内容を知っている人は多くありません。

最前線で取材できた唯一の戦争

ベトナム戦争は戦争史上、唯一、カメラマン、記者が最前線で長期にわたって取材ができた戦争です。しかも、ベトナムとアメリカという戦争当事国以外のジャーナリストたちも取材を続けることができました。こうしたことはベトナム戦争以前、以降もありません。

戦争は過去、現在、未来とどの戦争も同じです。戦争は殺人であり、個人、公共の財産、文化財、自然が破壊される。そして大勢の民間人が殺されます。こうした状況がベトナム戦争では多くのカメラマンによって記録されました。

ホー・チ・ミン市の戦争証跡博物館　石川の写真の常設展示室。2016年

戦争を防ぐためには、戦争の実態を知り戦争の悲劇を想像することだと思っています。そのためには写真の力が大きいのです。日本の戦争では、戦場の実態が国民に伝わりませんでした。軍当局が厳しく報道を制限したこと、カメラマンが戦争批判の目を失っていたからです。

それはなぜか。軍当局は、写真を戦争意識の高揚に利用したし、カメラマンは日本人として日本の勝利を優先させたからです。ですから国民は、日本兵が中国やフィリピン他で現地の人々を殺している様子や日本兵が悲惨な戦死をしている状況がわからず、軍当局や政府、新聞の宣伝によって最後まで日本が勝利すると信じ込まされていました。

もし、日本の戦争の実態を国民が知っていれば、反戦意識が高まり、東京大空襲、沖縄戦、原爆投下、ソ連の満州、北方領土攻撃の前に戦争が終結し、大勢の人々の命が救われていたかもしれません。戦争当時だけでなく、現在も、日本の戦争の実態を知っている人は少ないのです。戦後、日本が戦争を総括しなかったので、教育の中で日本軍が中国ほかの国々で何をしたか知らされていないからです。

中学校、高校の修学旅行で生徒たちは、広島や沖縄へ行き民間人が犠牲になったことを知っても、中国、朝鮮、アジアの国の人々にとって日本軍は加害者であったことはほとんど知りません。

日本の戦後七〇年、戦争の実態を知らずに育ってきた人々は、戦争の悲劇の想像力に欠け、政府の集団的自衛権行使容認、国際平和支援法、重要影響事態安全確保法、辺野古新基地建設による危険性には気がつきません。


最近の週刊誌は……

ベトナム戦争報道では、澤田教一のピューリッツァー賞受賞「安全への逃避」ほか、大勢のカメラマンの写真が新聞や雑誌に掲載されました。アメリカ、日本でベトナム反戦運動が起こりましたが、その原因は戦場を伝えた写真の影響力もあったと思います。

ベトナム戦争報道では、新聞・テレビのほかに日本では週刊誌も大きな役割を果たしました。東京オリンピック前後、『平凡パンチ』『週刊プレイボーイ』などが創刊され、週刊誌ブームといわれましたが、それぞれが競ってベトナム戦争写真を掲載しました。

私も、『週刊読売』で、何度かベトナム戦争を報道しましたが、掲載されることによって、①原稿料が生活費、取材費となる、②読者がベトナムの状況を知る、③取材と報道が結びつき自分も力づけられる、などのメリットがありました。

しかし、現在は週刊誌の数、発行部数が減少し、戦場写真の掲載も極端に少なくなりました。週刊誌は戦場の暗い写真より、旅、料理、ファッションなど明るい題材を扱う傾向があります。

要するに、フリーカメラマンが航空チケット代、滞在費など費用をかけて戦場へ行っても戦争の写真が売れないのです。ですから戦場へ向かうスチルカメラマンが少なくなりました。

私は、先輩カメラマンとして、若いカメラマンを取り囲むこうした状況を心配しています。リアルタイムで戦場の悲劇を報告し、その後は次の世代に伝える資料としてスチル写真は大切と考えているからです。

安田純平さんのこと

二〇一六年五月三一日の新聞・テレビで、二〇一五年六月にシリア入国後、行方不明となっているフリージャーナリスト安田純平さん（42）が、助けを求めていると報道されていました。シリアで政府軍と対立している「ヌスラ戦線」に拘束され、「ヌスラ戦線」は日本政府に身代金を要求しているとのことです。

安田さんは、今、私が住んでいる長野県の信濃毎日新聞の記者でしたが、早期退職して中東問題を報道していました。四年ぐらい前、テレビ信州の報道番組に一緒に出演し、その帰りに松本市の居酒屋でいろいろ話し合ったこともあって、安田さんの報道に注目していました。

二〇一六年初め頃、安田さんがシリアで行方不明になっているようだとの情報で心配していましたが、三月に拘束されている様子がテレビで放映され、無事だったとひと安心したと同時に、日本政府が救出にどれだけ力を尽くすか気になりました。

アメリカも日本も、拘束された市民の釈放には身代金は払わないという方針です。これまでも、NGOで仕事をする欧米の一般人、ジャーナリストが「イスラム国＝ISIL」に拘束された後、釈放された例があり、各国政府は公にしていないものの身代金を払っていたと推測されます。

二〇一五年一月、ジャーナリストの後藤健二さん（47）と民間軍事会社経営者・湯川遥菜さん（42）が「イスラム国」兵士によって殺害されましたが、安田さんを拘束している「ヌスラ戦線」は身代金を払わなければ安田さんを「イスラム国」に渡すと言っているとの報道がありました。

私は、日本政府が安田さん救出のために全力をあげることを期待します。同時に、中東圏の戦争の実態を報道している安田さんの行動を多くの人が理解・支持してくださることをお願いします。ベトナム戦争では、世界の多くのジャーナリストが生命をかけて戦争がどのようなものであるか報道しました。米軍がベトナムを撤退することになった原因の一端には、ジャーナリストたちの、民間人を殺害する米軍への批判報道があったと思っています。そのような報道によって米国内、世界で、反戦運動が起こったからです。

（二〇一五年四月、二〇一六年六月）

石川　文洋（いしかわ　ぶんよう）

1938年沖縄県那覇市首里に生まれる。
4歳で本土へ移る。現在は長野県諏訪市に居住。
1964年毎日映画社を経て、香港のファーカス・スタジオに勤務
1965年1月～1968年12月フリーカメラマンとして南ベトナムの首都サイゴン（現ホー・チ・ミン市）に滞在
1969年～1984年朝日新聞社カメラマン
1984年～フリーカメラマン
主な著作
『写真記録ベトナム戦争』〔（株）金曜日〕
『戦場カメラマン』『報道カメラマン』〔朝日新聞社〕
『戦争はなぜ起こるのか　石川文洋のアフガニスタン』〔冬青社〕
『てくてくカメラ紀行』〔椎出版社〕
『アジアを歩く』〔椎出版社、灰谷健次郎氏との共著〕
『石川文洋のカメラマン人生・貧乏と夢』〔椎出版社〕
『石川文洋のカメラマン人生　旅と酒』〔椎出版社〕
『カラー版　ベトナム　戦争と平和』〔岩波書店〕
『日本縦断　徒歩の旅―65歳の挑戦』〔岩波書店〕
『カラー版　四国八十八ヵ所―わたしの遍路旅』〔岩波書店〕
『沖縄の70年』〔岩波書店〕
『サイゴンのコニャックソーダ』〔七つ森書館〕
『私が見た戦争』〔新日本出版社〕
『まだまだカメラマン人生』〔新日本出版社〕
『命どぅ宝・戦争と人生を語る』〔新日本出版社〕
『基地で平和はつくれない―石川文洋の見た辺野古』〔新日本出版社〕ほか

基地《きち》、平和《へいわ》、沖縄《おきなわ》——元戦場《もとせんじょう》カメラマンの視点《してん》

2016年9月5日　初　版

著　者　石　川　文　洋
発行者　田　所　　稔

郵便番号　151-0051　東京都渋谷区千駄ヶ谷4-25-6
発行所　株式会社　新日本出版社
電話　03（3423）8402（営業）
03（3423）9323（編集）
www.shinnihon-net.co.jp
info@shinnihon-net.co.jp
振替番号　00130-0-13681

印刷・製本　光陽メディア

落丁・乱丁がありましたらおとりかえいたします。

ISBN978-4-406-06053-0　C0036　Printed in Japan